KB074078

분노의 돌파구

怒りのブレークスルー

지은이 나카무라 슈지
옮긴이 박준성

전파과학사

怒りのブレイクスルー
常識に背を向けたとき「青い光」が見えてきた

中村 修二 著
株式会社ホーム社
2001

IKARI NO BREAKTHROUGH –
JOUSHIKI NI SE WO MUKETA TOKI 'AOI HIKARI' GA MIETE KITA

목차

프롤로그

제1장 모노즈쿠리제조업 시대

제2장 푸른색을 향해

제3장 의문과 결단

제4장 아메리칸 드림

역자 서문

역자의 인스타그램 4월17일

'중소기업도 한국 떠난다. 작년 6조 8,700억 해외로'

4월 17일 대한항공 기내, 비 내리는 차창 밖을 바라보며 한숨을 지었습니다. 저는 창밖의 햇살을 등불 삼아 신문 경제면을 보고 있었습니다.

㈜우에마쓰전기는 이케이도 준의 나오키상 수상작 『변두리 로켓』 동명 드라마의 실제 배경으로 유명합니다. 또한, 대표이사인

우에마쓰 쓰토무는 일본에서 '아이언맨'의 실제 모델인 엘론 머스크와도 같은 존재입니다. 그를 만나러 삿포로행 비행기에 몸을 싣고 한참 들떠있던 가운데 읽은 경제 기사 1면은 봄비와 함께 제 마음을 적셨습니다.

998860-1233. 이는 중소기업의 주민번호입니다. 중소기업은 대한민국 전체기업의 99%, 고용인원의 88%를 차지합니다. 그리고 전체 국민의 60%가 중소기업인입니다. '대한민국'이라는 나라를 '3인 가족'으로 비유하자면, '엄마, 아빠가 중소기업인 그리고 초등학생 자녀 1명'인 셈입니다. 그 중요성은 헌법 제123조 3항 '국가는 중소기업을 보호 육성하여야 한다'에 잘 나타나 있습니다.

이웃 나라들의 전략을 살펴보면, 우선 중국은 약 800만 명의 대학 졸업생 중 3%인 약 20만 명이 창업을 선택해 중소기업 대표창업가가 되었습니다. 최근의 스타트업신생기업 증가율은 98%로 세계 1위이며 매년 400만 개의 신생기업이 생겨나고 있다고 합니다.

일본의 경우, 제가 살았던 7년 동안 주변에 공무원시험을 준비하는 선후배는 2~3명 정도 봤던 것 같습니다. 그중 후배 한 명이 삿포로 도청시험을 준비했는데, 친구나 선배들이 그를 따돌리기까지 했습니다. 그들의 머릿속엔 진학대학원과 취업이라는 두 가지 선택지만 있어서 '공무원'이라는 진로를 택한 친구들을 모두 이상하게 여겼던 기억이 있습니다. 사실, 대학 도서관이나 학내에서 공무원 책을 보고 있는 친구를 한 명도 본 적이 없습니다.

한국은 어떨까요? 매해 대졸자 약 50만 명이 배출되는데, 그중 60%인 30만 명이 공무원시험을 준비한다고 합니다. 대학 도서관에는 거의 9급 공무원 수험서가 펼쳐져 있습니다. 창업가가 활개 치는 중국은 창업 국가로, 기업 입사시험이 중심인 일본은 기업 국가로, 공시족*이 활개 치는 한국은 공무원국가로 나아가고 있습니다. 무한대의 시간이 흐른 후 한국은 과연 공무원 공산당 공산국가가 되어 망하지 않는다는 보장을 할 수 있을까요?

서울 반도체 고문으로도 유명한 나카무라 슈지 교수는 '똑똑한 학생일수록 중소기업에 들어가 미친 듯이 연구하라' 고 합니다. '미국의 똑똑한 학생들은 스타트업을 창업해 기업가가 되려고 한다', '일본의 노벨상 수상자는 학계를 제외하곤 중소기업에서 나왔다' 는 그의 말에 정반대의 길을 가는 한국의 상황이 위태롭게 느껴집니다. 한국의 대학생들은 대기업과 공무원에 목을 매고 있으니까요.

| 명량대첩, 죽기 살기 정신やけくそ,こんちくしょう精神으로 과학의 벽을 넘자

13척조선 vs 133척일본. 저는 조선공학을 전공한 前 해군사관학교 조선공학과 교수로 '과거' 임진왜란 당시 이순신의 명량대첩을 바라보며 '현대' 를 한탄합니다.

* 편집자 주: 공무원이 되기 위해 시험을 준비하는 사람

0한국 vs 19일본, 이는 '현재' 노벨상을 통해 본 한국과 일본의 과학기술 수준의 차이에 있습니다. 조선 시대 거북선과 함포라는 최첨단 과학기술로 바다에서 일본을 격파break through한 우리는 현재 과학 기술이란 바다에서 일본에 격파당하고만 있습니다.

2002년, 박사학위뿐만 아니라 석사학위도 없었고 더군다나 대학교수도 아니었던 평범한 중소기업 회사원 다나카 씨가 노벨물리학상을 취득한 사실은 노벨상 설립 이래 최초였으며 세계를 깜짝 놀라게 했습니다.

그로부터 12년 뒤인 2014년 10월, 시골 무명대학 출신의 시골 중소기업 회사원이었던 나카무라 씨의 노벨상 수상자 발표는 또 한 번 전 세계에 충격을 안겨 주었습니다. 또한, 그것은 평범하기 그지없는 회사원이었던 다나카 씨의 수상이 결코 우연의 일치가 아니었다는 걸 증명해준 사건이기도 합니다.

한국은 한국전쟁 직후, 국민소득이 1인당 67달러로 세계에서 가장 가난한 나라였습니다. 2016년 국민소득은 2만 7,561달러로 무려 '411배 성장' 하는 한강의 기적을 일구어냈습니다. 그러나 일류 대기업은 수백 대 일이라는 경쟁률로 입사하기가 바늘구멍이지만 중소기업은 인력난에 허덕이는 한국의 기업문화는 이미 '성장 정체' 라는 위기로 우리에게 돌아왔습니다.

또한, 일류 대학, 일류 대기업이 아니면 출세할 수 없다는 한국의 귀족주의학벌, 진골주의는 동종교배라는 잔치 끝에 오는 멸망으로 역사는 보답할 것입니다.

오랜 자긍심으로 세뇌 당했던 한민족이라는 순혈주의와, 사람을 겉모습만으로 판단하고 직함이 곧 신분이라는 귀족주의에 격렬하게 분노하는 저는 나카무라 교수의 명저를 통해 한국이 나아가야 할 미래방향을 찾을 수 있으리라 확신합니다.

또한, 삼류 시골대학, 시골회사원에서 세계 최고 과학자가 되기까지 어떻게 일본의 대학과 기업이 한 무명 연구원을 지원했는지를 잘 살펴본다면, 우리 과학기술의 기본 토양 만들기에 보탬이 되리라 굳건히 믿습니다.

2018년 4월 21일

박준성

머리 위에 있는 신호등이

일정한 간격으로 녹색, 노란색, 빨간색으로 반복하며

깜빡이고 있었습니다.

빨간불이 되었다가 파란불로, 노란색 불로 바뀐 뒤

또다시 빨간색으로 바뀝니다.

지구상 모든 신호등이 이러하겠지요.

다만, 한 가지 틀린 점이 있었습니다.

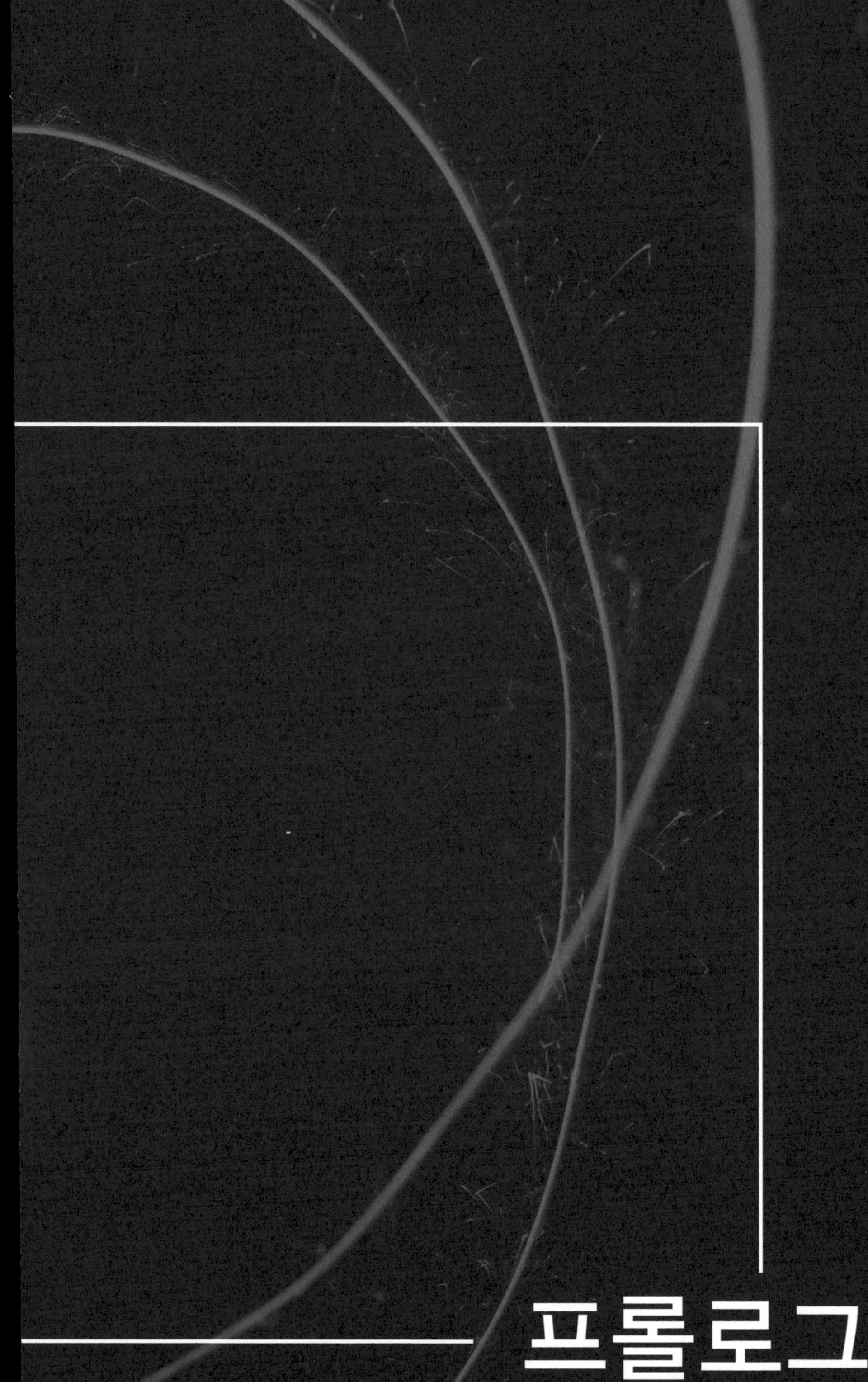

프롤로그

❙ 교차로를 비추는 푸른 빛

도쿠시마 시내에 '카치도키 다리' 라는 교차로가 있습니다. 그 교차로에 설치된 신호등을 저는 30분간 멍하니 바라보았습니다. 1994년 10월 하순일 때였습니다. 마음속으로 '빨리 녹색 신호등으로 바뀌어라!' 고 되뇌었습니다. 빨리 횡단보도를 건너고 싶었기 때문이 아닙니다. 녹색 신호등으로 바뀌어도 우두커니 멈춰선 채 머리 위를 그저 쳐다만 볼 뿐이었습니다. 근처에는 시청이나 경찰청이 있어서 많은 사람이 왕래하고 있었습니다. 그들은 나를 이상한 아저씨쯤으로 쳐다보는 듯했습니다.

머리 위에 있는 신호등이 일정한 간격으로 녹색, 노란색, 빨간색으로 반복하며 깜빡이고 있었습니다. 빨간불이 되었다가 파란불로, 노란색 불로 바뀐 뒤 또다시 빨간색으로 바뀝니다. 지구상 모든 신호등이 이러하겠지요. 다만, 한 가지 틀린 점이 있었습니다.

그것은 녹색, 노란색, 빨간색의 광원을 LED발광다이오드로 구현한 신형 신호등이었습니다. LED를 사용한 신호등이 전국에서 처음으로 설치된 곳은 아이치현. 그 뒤 바로 여기 도쿠시마현 카치도키 다리에 설치되었습니다.

도쿠시마 시내에 설치된 LED 신호등. 무수한 점들 하나하나가 LED

반사판을 사용하지 않는 LED 신호등은 외부의 빛에 영향을 받지 않아서 시인성모양이나 색이 눈에 쉽게 띄는 성질이 뛰어납니다. 강한 저녁노을이 있어도 괜찮습니다. 거기다가 LED는 거의 반영구적입니다. 전구 필터가 끊어지는 일도 없고 고장 부위를 금방 찾아낼 수 있어서 유지보수가 상당히 간단합니다. 즉, 신뢰성과 기능성이 원칙인 교통 신호등에서 LED는 국민들 뇌리에 그 성능을 확실히 각인시켰습니다.

특히 제가 자부심을 느끼는 순간은 신호가 파란색으로 바뀔 때입니다. 선명하고 밝은 푸른 불빛…….

이 청색 LED는 제가 세계 최초로 실용화에 성공한 기술입니다. 신호등에까지 적용될 줄은 생각지도 못했습니다. 빨간색과 노란색이 있더라도 파란색이 없다면 LED는 신호등으로 사용될 수 없습니다. 제가 개발한 기술이 없었더라면 이 신호등도 실현될 수 없었을 것입니다. 도쿠시마시를 내려다보는 비잔眉山의 검은 그림자를 배경으로 신호등이 LED 특유의 형태로 빛나고 있었습니다. 그것을 다시금 확인한 뒤에 저는 차로 귀가했습니다. 가을의 저녁노을, 슬슬 가로등이 불빛을 발하기 시작할 때였습니다.

I 왜 일본에는 LED 신호등이 증가하지 않을까

2000년 2월, 저는 도쿠시마에서 멀리 떨어진 미국 캘리포니아주 산타바바라로 이사했습니다. 여기에도 LED 신호등이 꽤 많이 설치되어 있습니다. 교차로에 정차할 때마다 좌우를 둘러보면 여기저기 LED 신호등이 깜빡이고 있습니다. 점멸을 시작한 보행자용 신호등도 LED 제품입니다. 일본에는 아직 보행자용 신호등으로 LED가 설치되지 않았습니다.

실은 유럽에서 LED 신호등이 보급되는 속도에 깜짝 놀랐습니다. 왜냐면 일본에서 상용화를 시도했지만, 헛수고로 끝났던 기억이 있기 때문입니다. 일본의 경직화된 시스템에 지금까지 몇 번이나 낙담했는지 모릅니다. 그러나 그때만큼 분노를 느낀 적은 없었습니다.

일본에서 LED 신호등이 최초로 설치된 곳은 앞서 말한 대로 아이치현입니다. 그 뒤, 도쿠시마현과 히로시마현으로 퍼졌습니다. 그러나 그것도 일부 교차로만 바뀌었습니다. 게다가 전국적으로 보급이 이어지지도 않았습니다.

아직 LED 단가가 높고, 제조업자들이 적은 것도 사실입니다. 그러나 소비전력이나 전구 교환 비용과 같은 러닝 비용운영비용을 생각할 때, 기존신호등보다 훨씬 효율적입니다.

저는 일본에서 샐러리맨으로 살았습니다. 그때는 신호등을 만드는 회사를 방문하며 왜 LED를 쓰지 않는지 그 이유를 물은 적 있습니다. 신호등이 있는 교차로는 전국에서 약 16만 곳, 그곳에 전부 LED가 사용된다면 영업실적을 크게 올릴 수 있을 거라 기대했습니다. 신호등 제조회사의 대답은 예상과 같았습니다.

'단가가 약 2배 비싸다' 그러나 집요하게 물어본 결과 이유는 다른 데 있었습니다.

신호등 수리업자는 대부분 경찰 관료 낙하산들이 운영하고 있었습니다. 신호등 전구 교환 비용은 한 번에 약 3만 엔으로 대부분이 인건비였습니다. LED를 사용한다면 그 업자들의 '이권'은 사라질 것입니다. 경찰들이 신호등을 LED로 교체하지 않는 진짜 이유는 퇴직 후 들어갈 낙하산 자리를 확보하기 위해서였다고 합니다. 거기에 이러한 경비는 모두 세금으로 충당되고 있습니다.

"LED를 쓰면 경비가 싸게 들어요" 제가 이렇게 주장했을 때 그들의 대답이 아직도 잊히지 않습니다.

'어차피 세금으로 지급되는데
싸든 비싸든 우리와 무슨 상관이지?'

참으로 말도 안 되는 대답이었습니다.

I 일본에 대한 환멸과 분노

제가 조국을 떠나 미국으로 이주한 이유는 많이 있습니다. 그중에서도 일본이라는 나라의 정치, 사회제도, 습관 따위에 관한 환멸과 분노가 주원인이었습니다. 나 자신도 고통을 당한 대학 수능시험 제도와 교육제도는 원래부터 증오의 대상이었습니다. 또 기업과 사회 및 학계에 존재하는 낡고 경직된 시스템에도 환멸을 느꼈습니다. 알면 알수록 그 뿌리 깊고 굉장한 영향력 때문에 질색할 정도로 놀랐습니다.

미국 생활도 이미 1년이 지났습니다. 약간 떨어진 이국땅에서 다시금 일본을 바라보면 지금보다 더 큰 의문점이 솟아납니다. 그리곤 아무 힘도 없는 자신에게 분개하게 됩니다. 왜 일본 산업계는 긴 불황 속에 고통 받는 걸까? 현재 이러한 큰 문제도 미국이라는 곳에서 시점을 바꿔 생각해보면 그 해답이 왠지 보이기도 합니다.

예를 들어, 제 전공인 반도체는 그 기초 기술의 특허 대부분을 미국이 소유하고 있습니다. 아마도 바이오 기술이나 컴퓨터 같은 다른 첨단 기술들도 같은 상황일 것입니다.

아무리 경제대국이 된다 해도, 일본 국민이 풍요로운 삶을 살지 못하는 이유 중 하나가 여기에 있습니다. 기술을 개발한 나라에 거액의 특허 사용권료를 내고 있기 때문입니다. 아무리 노력하고 열심히 해도 일반 근로자들의 가난은 개선되지 않습니다. 짭짤한 수입은 전부 유럽이 낚아채고 있습니다.

국제적인 법률적 습관이나 제도는 유럽에서 만들어진 게 대부분입니다. 그것을 뿌리부터 엎어버릴 수 없다면 세계가 그들의 룰에 지배되는 것은 어쩔 수 없습니다. 유럽의 룰은 아주 현명합니다. 일단 기술적인 특허를 생각해낸 뒤에 그들은 그다지 제조업에 손을 대지 않습니다. 그 대신 또다시 새로운 특허를 생각해냅니다.

손과 몸을 움직여 이익을 뽑아내는 게 아니라, 지혜와 궁리로 살아가는 유럽. 먼저 기초적인 부분을 특허로 선점한 뒤 부수적으로 따라오는 제조부문은 일본이나 중국, 동남아시아에 맡기고,

특허 사용료로 돈을 버는 셈입니다. IT, 바이오 기술, 의료기술, 항공우주산업도 마찬가지입니다. 지금까지 제조업 분야에서 일본이 큰 국제적 역할을 해왔습니다. 세계대전 이후, 일본은 유럽이 생각한 기술을 개량하거나 응용해서 고품질, 저가 제품을 만들어 고도성장을 이룩했습니다. 그러나 최근 이 분야에 중국, 대만, 한국 등이 시장에 뛰어들었습니다. 컴퓨터를 예로 들면, 전 세계 모든 컴퓨터 부품은 메이드인 타이완Made In Taiwan이 되었습니다. 얼마 전까지 반도체 부품을 만들 수 있는 나라는 일본뿐이었습니다.

일본이 고통 받고 있는 불경기의 원인은 대부분 후발국에 시장을 뺏기고 있기 때문입니다. 주가가 오르지 않는 것도 이러한 원인 때문입니다.

중국과 대만, 한국 등이 제조업 분야에 진출해 일본은 긴 불황에 허덕이고 있습니다. 가전 분야는 벌써 대만과 한국에 추월당했으며 반도체와 같은 컴퓨터 분야도 위험합니다. 유일하게 아직 남아있는 분야는 액정이나 태양전지와 같은 '광전자 디바이스기능성 제품' 입니다. 이것은 일본의 수출 주력상품입니다. 그러나 머지않아 이 분야도 다른 나라에 추월당할 게 뻔합니다.

앞으로 일본은 제조업으로 살아나가기 힘들게 될 것입니다. 그렇게 되지 않기 위해선 저임금으로 싼 제품을 계속 만들어 나갈 수밖에 없습니다. 아니면 국민 생활수준은 고도성장기 이전의 레벨로 내려갈 수밖에 없습니다. 물론 특허는 기한이 있어 권리가 소멸한 것도 많이 있습니다. 일본은 기술을 개량해 좀 더 좋은 물건으로 재탄생시키는 노하우를 가지고 있습니다. 지금은 겨우 이러한 방법으로 생존해있는 상황이겠지요. 그러나 은행 및 공무원들이 허투루 돈을 굴리면 지금까지 벌어들인 이익도 금방 동이 나겠지요.

| 일본의 나쁜 점을 계속 말해보자

미국인 친구가 얘기했습니다. '지금 일본은 이상해. 이대로라면 붕괴하지 않겠어?' 그들 중에는 '발등에 불이 떨어진 일본이 제2차 세계대전처럼 전쟁을 도발하진 않을까?' 라며 과도한 걱정을 하는 사람들도 있을 정도입니다.

유제품의 위생 사고나 우주로켓 발사 실패와 같은 기술적인 분야에 국한하지 않더라도, 자동차 회사의 리콜 은폐, 범죄검거율 저하, 아동학대와 같은 비윤리적 행위가 모든 분야에 걸쳐 나타나고 있습니다.

저는 이러한 문제를 근본적으로 해결하는 것은 정치의 역할이라 생각합니다. 정치가가 엉망이니 일본이 엉망진창이 됩니다. 정치가 바뀌지 않으면 일본은 제대로 나아갈 수 없을 겁니다. 그러나 일본 정치인들을 보면 그들이 그러한 능력이 있다고는 도저히 보이지 않습니다. 그럼 정치인을 바꾸면 되는데, 그게 말처럼 쉽지 않습니다. 말도 안 되는 인물이 눈 깜짝할 새에 일본 총리대신이 되기도 하는 이상한 일이 자주 있습니다. 국민이 모르는 어둠의 장소에서 노인들이 밀담해 탄생하는 일본의 총리대신. 이쯤되면 국민들은 누가 일본의 총리대신이 되건 마찬가지일 것으로 생각하고 있는지 모릅니다.

국회의원도 매력적인 인물은 없습니다. 2세, 3세 의원이 대부분인 정치계를 볼 때, 정치가 세습제인지 착각할 정도입니다. 2세 의원이 무조건 나쁘다고 할 수는 없을 것입니다. 그러나 아버지나 할아버지의 선거기반 및 권리를 계승하고 있는 이상, 자신의 목을 조를 수 있는 제도개혁은 불가능할 것입니다.

필자는 약 10년 전, 1년 동안 미국에서 유학했습니다. 마침 그때 대통령선거가 있어 후보자 간 TV 토론회를 수차례 봤습니다. 미국은 영어권 이외에서 온 사람들도 꽤 많습니다. 이민자의 나라여서 그런지 신문은 물론이고 정치적 발언도 중학교 3학년 학생이 이해할 수 있는 영어로 말해야 한다고 합니다. 당시, 기초영어밖에 안 되는 저조차도 토론내용을 대부분 이해할 수 있어 깜짝 놀랐던 기억이 있습니다. 어려운 영어를 쓰지 않고 이해하기 쉬운 표현으로 상대와 토론하는 미국정치를 접한 후 더더욱 일본과의 격차를 실감했습니다.

일본에 있을 때 항상 느꼈던 일이지만, 선거 때 NHK 정치토론회를 보고 있자면 정치인들이 무엇을 말하고자 하는지 전혀 이해할 수 없을 때가 많았습니다. 이러한데 어찌 국민들이 정치인들의 말에 귀를 기울일 것이며 관심을 두겠습니까? 공무원들이 쓴 문서나 법률 용어도 마찬가지입니다. 한자투성이에 알기 어렵습니다. 마치 일반 국민이 알 수 없도록, 관심을 두지 못하도록 일부러 어렵게 표현하고 있는 게 아닌가 하는 생각까지 듭니다. 미국인과 생활하며 느낀 점 하나를 말해보겠습니다. 일본사람은 말하기 곤란한 부분을 설명하려 하지 않는 단점이 있습니다. 불량채권 은폐나 리콜 은폐 등이 바로 이와 같은 정신구조의 대표적인 예라 할 수 있습니다. 좋은 점은 계속 주장하는 데 반해 결점은 숨기려 합니다.

저는 일본의 자연과 풍토가 너무나 좋습니다. 그 감정은 미국에 대한 그것과는 비교할 수 없을 정도입니다. 미국으로 이사할 때도 일본 식품과 제품들을 쉽게 살 수 있는 서해안을 택한 것도 바로 그 이유 때문입니다. 이렇게 좋아하는 일본에 대해 '엉망이다'라고 말하기는 쉽지 않습니다. 그러나 더 나은 일본을 만들기 위해 발언을 주저하고 싶지는 않습니다. 앞으로도 저는 일본의 나쁜 점을 끊임없이 파헤쳐 나가려고 합니다. 이 책으로 그 간절함이 독자들에게 전달된다면 이 이상의 행복은 없겠습니다.

처음부터 완벽하게 다 완성된 상태라면 무슨 재미가 있겠습니까.

분노나 억울한 감정을

원동력으로 바꿔 나날이 집중할 수 있게 되는 것입니다.

아무리 해도 이길 수 없는

그 분노가 있으니 근성으로 매일 뛰어넘으려 노력하는 것입니다.

* 편집자 주: もの造り.
혼신의 힘을 쏟아 최고의 제품을 만드는 장인정신을 나타내는 말

제1장

모노즈쿠리* 제조업 시대

I 실현이 불가능했던 푸른색 LED

우리 주변에서 빛을 발하는 실로 다양한 반짝임. 그중에는 태양의 빛, 달빛, 그리고 무언가가 탈 때 생기는 자연광선은 물론 인공적으로 만들어진 조명도 있습니다. 예를 들어, 각 가정에서 쓰이는 조명용 백열등과 형광등이 그것입니다. 그러나 친근한 이러한 인공조명을 대신해 최근 일렉트로 루미네센스EL라는 새로운 발광 기술이 전 세계 이목을 집중시키고 있습니다. 루미네센스라는 말은 어떤 물질에 에너지를 가했을 때 열은 그다지 방출하지 않으면서 발광한다는 뜻입니다. 예를 들면, 시계 숫자에 칠해진 형광 도료는 에너지가 가해져 빛을 냅니다. 또, 반딧불이나 형광충과 같은 발광생물은 유기적인 화학반응으로 빛을 발합니다. TV 브라운관처럼 전자빔을 조사하여 발광하는 것도 있습니다.

여분의 에너지를 열로 뺏기지 않는 루미네센스는 기존 광원보다 좋은 효율로 빛을 낼 수 있습니다. 루미네센스가 아닌 촛불의 빛이나 백열등은 높은 열로 빛을 내고 있습니다. 이러한 광원은 쓸모없이 열로 변환된 에너지 때문에 효율적으로 빛이 얻어진다고 할 수 없습니다.

루미네센스 중에서 전기 에너지로 발광하는 현상을 일렉트로 루미네센스라 합니다. 이러한 기술을 이용한 광원으로는 '형광체를 이용한 것'을 포함한 몇 가지가 있습니다. 그중에서도 주입형 EL이라 불리는 LED, 즉 발광다이오드는 우리 일상생활에서 실로 광범위하게 사용되고 있습니다. 가까운 미래에는 일반 가정 조명

기구나 TV뿐만 아니라 빛을 발하는 모든 물건이 LED로 대체된다고까지 말하고 있습니다. 『인공적으로 만들어진 광물자연계에는 없는 '돌'이 빛을 낸다』라는 LED의 기본원리가 발견된 것은 20세기 초반의 일입니다. 탄화규소silicon carbide라는 물질에 전류를 흘리면 빛을 낸다는 것이 관찰된 것입니다. 이후, 많은 연구자가 연구를 거듭하여 20세기 중반에는 화합물 반도체도체와 절연체 중간 정도의 전기 저항을 가지는 복수의 원소를 재료로 만든 물질를 사용하는 지금과 같은 LED 기술이 확립되었습니다.

그리고 우리들은 어느 샌가 이 작은 발광체에 둘러싸여 살고 있습니다. 고개를 조금만 돌리면 이러한 빛들을 발견할 수 있을 것입니다. 실내에서도 TV나 오디오, 다양한 가전제품, 그리고 컴퓨터의 동작 표시 램프가 빛을 내고 있으며, 벽에 전기 스위치에도 야간위치 표시등이 분명 빛나고 있을 것입니다. 이 모든 빛은 대부분 LED입니다. 또, 컬러복사기나 스캐너, 레이저 프린터에도 장착되어 있으며, 적외선 LED는 TV 리모컨으로 쓰이고 있습니다. 점이라는 광원이 모여 면을 구성하면 LED의 용도는 더욱 넓어집니다. 간판과 지하철 등의 목적지 표시 디스플레이, 지하철 내의 디스플레이……. 우리들 주변은 그야말로 LED 범람 상태입니다. 그러나 이만큼 많이 쓰이는 LED도 사실 지금까지 치명적인 결점이 있었습니다. 그것은 고휘도, 즉 강한 빛이 필요한 선명하고 푸른빛을 발하는 LED가 없었던 점입니다. 일곱 빛깔 무지개를 떠올려보세요. 빨, 주, 노, 초, 파, 남, 보. 이 일곱 색 중에 '초'

이후의 빛인 '파란색', '남색', '보라색' LED는 구현할 수 없었습니다. 그 LED는 식물학계에서 만들기 어렵다던 '파란 장미'와 같은 존재였는지 모릅니다.

빨간색, 주황색, 노란색 LED는 비교적 빨리 실용화에 성공했습니다. 여러분이 일상적으로 흔히 봐서 익숙한 LED 대부분이 이러한 빨간색과 노란색 LED일 것입니다. 제가 이 청색 LED 개발연구를 시작했을 때가 1989년이었습니다. 당시 저는 도쿠시마현 아난시에 있는 니치아화학공업 주식회사이하 니치아화학라는 작은 회사에서 개발과에 근무하는 연구원이었습니다. 연구를 시작한 지 약 5년이 지난 1993년 12월, 드디어 청색 LED 실용 제품화에 도달했습니다. 질화갈륨이라는 화합물 반도체를 사용한 세계 최초 브레이크 스루break through, 혁신적 비약였습니다. 그 청색 LED는 프롤로그에 예로 든 신호등에도 쓰이게 되었습니다. 이후, 청색 반도체 레이저를 세계 최초로 제품화에 성공해, 제가 개발한 기술은 LED 세계를 획기적으로 변화시켰습니다.

고휘도 청색 LED가 제품화되면 LED의 가능성과 실용성은 획기적으로 높아집니다. 왜냐면, 빨, 주, 노, 초 4가지 색으로 커버할 수 없었던 모든 색을 발광할 수 있게 되기 때문입니다. 이는 빛의 특색과 관계가 있습니다. 만약 기회가 있다면, 지하철 안 디스플레이에 쓰이고 있는 주황색암버 LED 도트를 유심히 보길 바랍니다. 빨간색 빛과 노란색 빛이 동시에 빛나고 있는 걸 확인할 수 있습니다.

컴퓨터 모니터에도 쓰이는 RGBRed, Green, Blue는 빛의 3원색이라 불리는데, 인쇄 시에 쓰이는 CMYCyaan, Magenta, Yellow와 다릅니다. 즉, 발광체인 LED는 빨간색RED, 녹색 GREEN을 섞어 주황색을 만들고 있는 것입니다. 빨간색과 녹색은 이미 실현되어 있었습니다. 여기 파란색이 더해진다면 흰색을 발광시키는 것도 가능하게 됩니다. 인쇄 시 쓰이는 3원색이 더해져 검은색으로 수렴되는 것과는 반대로 빛의 3원색은 뺄셈입니다. 즉, RGB라는 3가지 색이 동시에 빛을 내면 백색이 되기 때문입니다. 즉, 파란색 LED를 실현할 수 있다면 백색 LED도 가능한 얘기입니다. 백색 LED가 있으면 실내조명이나 자동차의 야간 조명도 사용할 수 있습니다. 이처럼 이를 필요로 하는 무시무시하게 큰 시장이 존재했습니다.

파란색이 실현된다면 LED는 다른 광원에는 없는 커다란 가능성이 탄생할 기회였습니다.

> **LED를 일반조명으로 사용하면 같은 밝기의 전구나 형광등보다 에너지가 상당히 절약됩니다. 전기가 직접 빛으로 바뀌기 때문에 전기효율이 아주 높아 아마 전력 소비는 전구의 절반 이하가 될 것입니다.**

과장해서 말하자면 세계적으로 에너지 문제를 근본적인 방법으로 해결할 수 있을지 모릅니다. 열로 변환하는 과정에서 소재를 손상하지 않기 때문에 **LED의 수명은 반영구적**입니다. 텅스텐 필라멘트를 고온으로 하여 빛을 내는 백열전구는 필라멘트가 끊

기거나 하여 수명이 그다지 길지 않습니다. 컴퓨터 동작 확인용 LED가 필라멘트가 나갔다는 얘기는 아마 누구도 들어보지 못했을 겁니다. 백열전구나 형광등처럼 유리를 쓸 필요가 없기 때문에 유리가 깨져 파편이 튀는 위험한 일도 없습니다. 또, 화합물 반도체라는 인공적인 '돌'이기 때문에 내구성도 좋고 실외 가혹한 환경에서 사용해도 문제없습니다. 더구나 그 장점은 일반 조명에 그치지 않습니다.

고휘도 청색 LED 실용화로 인해, 빛의 3원색 RGB가 전부 갖춰져 모든 색을 재현할 수 있게 되었습니다. 그 결과 브라운관이나 액정화면을 대신할 모니터를 만들 수 있게 되었습니다. 256색의 각 단계를 출력하여 256색의 3승, 즉 약 1,670만 색 이상의 빛 색깔을 낼 수 있게 되었습니다. LED를 사용한 모니터는 크기에 제한이 없습니다. 야구장에서 스포츠 선수의 일거수일투족을 보여주는 대형 스크린이나 도시 중심가 빌딩 벽면에 아름다운 영상을 도배하듯 보여주는 거대 모니터도 출현할 수 있습니다. 시드니 올림픽 개회식에서 스타디움에 걸린 아름다운 클리어 비전을 기억하시는 분도 많을 것입니다. 역시 LED를 사용한 장치입니다.

LED는 휘도도 높고 색 번짐도 적기 때문에 시인성이 아주 좋습니다. 극소 LED를 촘촘하게 나열하면 가정용 TV 모니터도 가능합니다. 실제로 저도 지름 0.35밀리 LED를 사용해 만들어 본 적이 있습니다. 그 화질은 지금까지 본 적이 없는 세계에서 가장 깨끗한 것이었습니다. 여기에 청색 LED 기술을 응용하여 레이저

기술, 청색 반도체 레이저가 탄생하였습니다. 기존의 광디스크 미디어는 적색 반도체 레이저로 데이터를 읽고 썼습니다. 그러나 청색 반도체 레이저는 적색보다 파장이 짧기 때문에 디스크 위에 더 작은 면적에 더 많은 정보를 기록할 수 있습니다. 정보화 시대에 없어서는 안 될 CD나 LD, DVD와 같은 대용량 미디어도 청색 반도체 레이저를 쓰면 그 데이터 용량을 획기적으로 증가시킬 수 있습니다. 이전 DVD 미디어로는 영화 한 편이 간신히 들어가지만, 청색 반도체 레이저로 영화 10편 분량의 데이터도 손쉽게 기록할 것입니다.

또, 지금까지는 LED를 만들기 위해 갈륨비소나 갈륨 인, 알루미늄 비소나 알루미늄 인과 같이 독성이 아주 높은 물질을 사용해왔습니다. 비소나 인은 산업 폐기물로 처리할 경우 처리비용이 만만치 않습니다. 물론 그냥 폐기하면 지구환경과 인체에 상당한 악영향을 미칠 것입니다.

제가 사용한 물질은 질화갈륨이라는 화합물 반도체입니다. 질화갈륨에는 **독성이 없습니다.** 비소나 인을 사용할 때보다 환경부하를 획기적으로 낮출 수 있습니다. 이 기술을 응용하면 질화갈륨을 비소나 인으로 대체하여 청색 LED 이외의 화합물 반도체를 만드는 것도 가능합니다. 즉, 질화갈륨을 이용하면 기존에 비소나 인을 포함한 화합물 반도체로 제작된 적외선이나 적색 및 황색 LED는 물론이고 IC집적회로 기반과 같은 다른 전자 디바이스를 제조하는 것도 가능하게 됩니다. 게다가 질화갈륨은 비소나 인보다 높은 신뢰성과 내구성을 지니고 있습니다. 지금까지 1만 시간 정도였던 반도체 수명을 약 10배 늘일 수 있는 내구성을 지녔습니다. 고휘도 청색 LED와 청색 반도체는 이렇게 획기적인 발명품입니다. 그러나 제가 만들기 전까지는 전 세계에서 누구도 실현한 적 없는 기술입니다. 게다가 그것은 저 혼자서 이룩한 브레이크 스루break through, 이하 '기술혁신'으로 순화하여 표기였습니다.

I 대학원을 졸업하고 교세라 입사시험을 치다

LED 재료가 되는 화합물 반도체 연구 개발을 시작한 것은 니치아화학에 입사하고 나서부터입니다. 고휘도 청색 LED나 청색 반도체 레이저 기술을 개발하고 제품화한 것도 니치아화학에 재직했을 때의 일입니다.

니치아화학 이 회사 이름을 듣고 과연 어떤 곳인지 금방 머릿속에 떠올릴 수 있는 독자는 아마 극소수일 것입니다. 이곳은 도쿠시마현 아난시라는 지방 소도시에 있는 중소기업입니다. 도쿠시마대학 공대 전자공학과를 나온 저는 대학원에 진학해 2년간 석사를 거쳐 1979년에 졸업했습니다. 졸업 후 순조롭게 니치아화학에 입사한 것도 아닙니다. 대학원에서도 전자공학을 전공한 제가 설마 화학회사에 들어가게 될 줄은 상상도 못 했습니다. 니치아화학이라는 회사의 존재 자체를 몰랐습니다.

대학원을 졸업하기 직전, 여러 군데에 입사시험을 치렀습니다. 처음 문을 두드린 곳은 가전제품을 주력으로 하는 대기업인 마츠시타 전기. 대학원에 추천 학생 TO가 있어 추천서를 넣으면 웬만하면 붙는다는 곳이었습니다. 그런데 시험이 생겨, 졸업연구에 관해 질문을 받았습니다. 저는 원래 이론파여서 논문을 구사해 전기전도 메커니즘의 이론적인 부분을 집필해 제출했습니다. 그러니 돌아온 면접관의 답변은 '학생과 같은 이론적인 분은 우리 회사에 필요 없습니다'라는 말이었습니다. 첫 입사 시험을 불합격으로 장식했습니다.

대학원 지도 교수님은 고체전자공학 분야의 타다 오사무 교수였습니다. 타다 교수님은 '실제로 손발을 움직여 물건을 만들라'라는 사고를 마치 신념처럼 지니신 분이었습니다. 계산 결과를 단순히 목적화하는 듯한 '이론'을 부정하는 자칭 '실험파'였습니다. 마츠시타에 떨어진 결과를 보고하러 교수님께 가니 '기업은 물건을 만드는 곳이니까. 그런 이론적인 걸 썼으니 떨어지는 게 당연하지'라며 웃음거리만 되었습니다. 다음으로 향한 곳은 교세라당시 교토 세라믹.

추천이 아니라 일반 입사시험이었습니다. 당연히 대학원 때 연구했던 내용을 적으라는 말에 마츠시타 입사시험에서 받은 분노를 떠올렸습니다. 이에 이번엔 이론적인 내용을 쓰지 않고 응용 부분을 강조해 기술했습니다. 대학원에서 주로 자기세라믹 콘덴서 및 초음파를 발생시키는 압전소자에 사용되는 타이타늄산 바륨 재료를 연구했습니다. 따라서 '타이타늄산 바륨은 이러이러한 응용이 가능하며 구체적으로는 이러한 디바이스를 제품화할 수 있습니다'와 같이 썼던 기억이 있습니다. 응용적인 부분은 아주 싫어하는 성격이었기 때문에 기술한 내용은 합격하기 위한 거짓말이었습니다. 그러나 타다 교수님 조언 덕분에 1차 시험을 통과하게 되었습니다. 2차 시험은 이나모리 카즈오 사장님 앞에서 면접을 보게 되었습니다.

"현재 일본의 문제점은 무엇입니까?"

"대학입학시험과 수능시험 전쟁이 가장 큰 문제점입니다. 교육제도는 암적인 존재입니다"

당시부터 저는 일본의 교육제도에 분노를 느끼고 있었습니다. 그러고 보니 이나모리 사장님도 가고시마 대학 공대라는 지방 국립대학 출신입니다.

"만약 입사한다면, 뭐가 하고 싶습니까?"

"영업이든, 경리 일이든 소속되는 곳에서 뭐든 할 자신이 있습니다. 시켜만 주십시오"

지금도 마찬가지지만, 뭐든지 하나라도 집중하기 시작하면 그것이 끝날 때까지 집중해 완주할 수 있는 자신감을 느끼고 있습니다. 반대로 얘기하면 넓고 얕게 일을 추진하는 건 싫습니다. 따라서 그렇게 대답했는데, 그게 통한 것인지 그렇게 2차 시험도 통과했습니다.

다음 3차 시험은 전날 갑자기 전화가 와서 다음 날 아침 8시까지 교토에 오라는 연락을 받았습니다. 도쿠시마에서 교토 페리로 바다를 건너 전차로 교토까지 가야만 하는 먼 여정이었습니다. 그때까지 저는 시코쿠에서 나가본 적이 없었습니다. 페리를 타는 법도 교토까지 가는 전차 노선도 몰랐습니다. 도중에 지각할 것 같아 불안에 떨던 저는 그만 택시를 타고 말았습니다. 무려 오사카에서 교토까지! 미터기 숫자가 올라갈 때마다 심장이 벌벌 떨렸습니다. 또 지각하면 어떡하지? 걱정에 걱정이 겹쳤습니다. 그렇게 고생하며 덜덜 떨었던 것은 인생에서 처음 겪은 일입니다.

3차 시험은 전골 파티에 사쓰마 소주를 부어라 마셔라 하며 진행되었습니다. 술을 먹이고 본심을 토하게 하기 위함이었던 것 같습니다. 부장급 사원이 앉은 테이블에 학생 3명이 같이 앉아 소주를 계속 권유받았습니다. 저는 술이 잘 받는 타입입니다. 그러나 술을 입에도 못 대는 학생도 있었습니다. 지원생들이 진심을 토해내는 장소이기는커녕 화장실에서 구토를 게우는 면접이었습니다. 회식이 아닌 면접시험이었기 때문에 직위가 높으신 분이 술을 권하면 거부할 수 없는 분위기였습니다. 현관에서 옆으로 쓰러져 자는 학생도 있었습니다.

도쿠시마에 돌아오니 내정 통지서가 도착했습니다. 4회째 면접은 인사 같은 거라서 편안한 마음으로 교세라에 갔습니다. 거기에는 3차 시험을 통과한 이공계 학생들이 50명 정도 모여 있었습니다. 담당사원이 채용 내정된 이유를 한 사람씩 설명해주었습니다. 기업이 사원을 채용하는 기준이 참 다양하다는 걸 깨달았습니다. 그러나 교세라의 경우 참 독특하다는 생각이 들었습니다. 그 내용을 듣고선 깜짝 놀랐습니다.

'올해의 키워드는 변태. 그게 바로 채용 기준. 다른 변수는 일절 고려하지 않았음' 이라는 게 아니겠습니까. 다시금 내정된 합격자 얼굴들을 둘러보니 죽어라 마셔서 그 자리에 쓰러진 녀석들, 현관에서 곯아떨어진 녀석들뿐이었습니다. 내가 어디로 봐서 변태라고 느꼈는지 궁금했습니다. 물어보니 '너는 학생 때 결혼한 유부남이라 뽑았다' 고 설명해주었습니다.

도쿠시마 대학 교육대학의 같은 학년이었던 유코와 결혼했던 것은 제가 대학원 1학년 2월 때 일입니다. 이른바 '속도위반 결혼' 으로 아내는 국립 도쿠시마 대학부속유치원에서 일하고 있었습니다. 취직시험 때는 이미 갓 태어난 딸아이도 있었습니다. 학생 때 결혼해 아이가 있는 사람을 '변태' 라고는 생각지 않지만, 지방 국립대학에서는 희귀한 일이긴 했습니다. 변태라는 말에 복잡한 심경이었지만 매우 기뻤던 건 사실입니다. 지금까지 학생 신분이었지만 앞으로 돈을 벌어서 가족을 부양할 수 있다는 생각에 안심할 수 있었습니다.

I 도시 생활에 회의를 느끼다

그런데 졸업이 다가오고 갑자기 출근을 목전에 둔 4월 1일이 다가오니 고민이 시작되었습니다. 고등학교 수학여행에서 도쿄에

갔을 때가 생각났기 때문입니다. 촌에서 태어나 처음으로 체험한 대도시. 제 머릿속에는 출퇴근 러쉬와 만원 전차 기억밖에 없습니다. 도쿄에서 만원 전차를 타본 후, 어마어마한 사람들과 통조림 같은 전차는 무서우리만큼 충격을 줬습니다. 원래 저는 시골이 좋았습니다. 자연이 좋았습니다. 구체적으로 말해 태어난 고향인 시코쿠의 산과 바다가 너무 좋았습니다. '대도시는 인간이 살 수 있는 장소가 아니다' 라는 강한 느낌을 받았습니다. 독신으로 나 혼자 바리바리 일한다면 그렇다 쳐도 '결혼해서 아이가 생기면 도시는 절대 살지 않겠다' 라는 마음은 이미 고등학생 때 굳게 결심했습니다. 그러나 실제로 직장이 정해지니 도시 생활의 가능성이 현실로 다가왔습니다. 아직 대학원에 다니고 있었기 때문에 등하굣길에 계속 생각에 잠겼습니다. 집에 돌아가면 아직 아슬아슬하게 발걸음도 못 떼는 딸이 있었습니다. 그 귀여운 잠든 모습을 보고 있자니 역시 가족과 도시에서 생활하는 건 안 되겠다는 확신이 들었습니다. 그런 환경에서 아이를 키울 수는 없었습니다.

한편, 체계가 잡힌 대기업 연구소에서 사회 첫발을 내디디고 싶다는 마음도 강했습니다. 사실, 아내와 가족에게는 교세라에 합격했다는 사실은커녕 고향에 남고 싶은 고민도 털어놓지 못한 상태였습니다. 근무처가 확실히 정해진 다음 가족들에게 보고할 생각이었기 때문입니다. 잠시 혼자서 고민하며 지냈던 저는 타다 교수님과 상담을 하게 됐습니다.

"교세라에 갈지 도쿠시마에 남아 취직할지 고민입니다"

교수님은 1945년 도쿄대학을 졸업하고, 종전 직후 도쿄에서 갖은 고생을 거치고 고향 도쿠시마에 돌아오셨다고 합니다. 그만큼 다양한 인생 경험을 거쳐, 사람과 사회에 대한 어떤 철학을 지니고 있으셨습니다.

"교세라 같은 대기업에 간다고 해도 평생 샐러리맨이야. 전근도 있고 가족이 있으면 힘들 거야. 네 아내는 지금 여기에 확실한 직업도 있고, 가족들 집도 여기 다 있잖아. 도쿠시마에서 뼈를 묻는 각오로 일하면 어때?"

교수님의 조언이었습니다. 그런 후 다시 덧붙인 조언이,

"그 대신, 도쿠시마에 전자공학 계열에서 실적이 있는 회사는 없어. 만약 고향에 남는다면 전공은 버린 셈 치고 가족과 즐겁게 생활한다는 한 가지만 보고 생활해야 해"

대학원 전자공학과에서 재료물성을 연구한 제가 취직할 수 있는 회사, 구체적으로는 반도체 계열이나 세라믹 계열의 회사는 당시 도쿠시마에는 전무했습니다. 오오츠카 제약은 제약회사여서 다르고 소프트웨어 회사도 없었습니다.

석사졸업을 했지만, 박사과정에 입학한 상태도 아니었기 때문에 대학 연구실에 남는 길도 거의 고려할 수 없었습니다. 공무원이라는 선택지도 있었지만 저는 일반상식이 거의 제로였습니다. 역사나 문학과 같은 암기시험도 소질이 없었습니다. 그런 사람이 공무원시험에 통과할 리가 없었습니다. 그건 나 자신도 잘 알고

있었습니다.

타다 교수님과 상담한 지 약 2주가 지나도록 계속 고민을 해결할 수 없었습니다. 해답은 간단했습니다. 일을 택할지 가족을 택할지 양자택일을 하는 것이었습니다.

그 고민은 아내에게도 친구에게도 부모님께도 털어놓지 못했습니다.

그러나 역시 가족이 생기면 가치관은 변하는 법. 딸아이 얼굴이 눈에 선했습니다. 제가 교세라에 근무하게 되어 도쿠시마를 떠나면 모처럼 얻은 도쿠시마 대학 부속유치원을 그만둬야 할 아내의 모습을 떠올렸습니다. 고민한 끝에 저는 아이 교육과 앞으로 키워나갈 환경을 생각해 나의 일과 전공을 버리고 도쿠시마에 남는 것을 택했습니다. 다시 타다 교수님 연구실을 찾아가나 스스로 내린 결단을 설명했습니다. 그리고 다음과 같이 부탁드렸습니다.

"죄송합니다. 교세라는 갈 수 없게 되었습니다. 도쿠시마에 남겠습니다. 연구는 포기하겠습니다. 알바든 뭐든 괜찮으니 취직할 수 있는 곳을 소개해주세요"

오히려 기분은 후련했습니다. 그때 저는 그야말로 뭐든지 시켜만 주시면 다 하겠다는 마음가짐이었습니다. 교세라 면접 당시 '무엇이든 시켜만 주십시오. 뭐라도 하겠습니다'라 대답했던 때와 같은 자신감이었습니다. 제 인생을 돌아보면, '될 대로 되어라'는 식으로 모든 걸 하늘에 맡겨버린 적이 몇 번이나 있었습니다. 대체로 3년 주기로 엄습해 오는 정신 상태입니다. '어차피 죽기라도 하겠어. 어떻게든 되겠지', '짜증나니까 어떻게든 될 대로 돼라'는 상태입니다. 아내와 결혼할 때나 학생 신분으로 딸을 키울 거라 결심했을 때도 비슷한 상태였습니다. 그런 내 기분을 들여다보는 것처럼 타다 교수님은 '진짜 그래도 되지? 그렇게 되면 이제 연구고 뭐고 없을 거야. 가정만을 위한 삶이 될 거야. 그래도 괜찮단 말이지?'라며 몇 번이고 내 의사를 확인했습니다. 벌써 결심은 끝났기 때문에 괜찮다고 대답했습니다.

'그럼 됐다'며 조금 생각하는 듯 하다가 타다 교수님은 이렇게 말했습니다.

> **"아난시에 있는 니치아화학 사장님은 같은 고향 친구니까 소개해줄 수 있을 거야. 내가 해줄 수 있는 건 그것밖에 없으니까 그래도 되겠지?"**
>
> **"니치아화학……. 도대체 어떤 회사일까?"**
>
> **"걱정하지 마. 화학회사지만 계측부문도 훌륭하고 분석기술도 뛰어나. 앞으로 전자 디바이스 분야로 진출할 거야. 아마 필립스한테는 뒤질지도 모르지만, 형광체 부문에서는 일본 유수의 기업이야"**

필립스Philips라면 네덜란드에 있는 유럽 최대 전기 메이커. 이름조차 들어본 적 없는 회사가 필립스에 비교될 정도의 회사인지 의문투성이였습니다. 게다가 아무리 친한 사이라 해도 갑자기 소개만으로 뽑아줄지 의문이었습니다. 사실 타다 교수님이 니치아화학에 제자를 소개한 것은 이번이 처음이었습니다. 이미 교세라에 합격해 입사 직전의 상태였습니다. 그러한 시기에 이름조차 들어본 적 없는 니치아화학으로 교수님과 함께 취직을 부탁하러 가게 되었습니다. 제가 도쿠시마에서 보낸 시기는 대학에서 대학원까지 6년간. 그러나 니치아화학이 있는 아난시가 어떤 곳인지 전혀 몰랐습니다. 대학에서 만나 타다 교수님 차로 국도 55호선을 타고 남쪽으로 향했습니다. 3월 춘분 때였습니다. 날씨는 맑고 따뜻한 오전의 봄날이었습니다. 나카 강을 건너 좁은 지방도로 들어섰습니다. 주위는 논과 비닐하우스밖에 없었습니다. 도쿠시마시도 도시는 아니지만, 그보다 더 시골이었습니다. 의심을 넘어 '정말 이런 곳에 회사가 있는 게 사실일까?' 불안감이 들었습니다. 그때 타다 교수님이 말했습니다.

"너는 도쿠시마 대학 공대에서 성적은 1등이야. 그래서 내가 추천하는 데 자신은 있지만, 그 회사에서 채용해 줄지는 나도 몰라. 일단 가보고 나서야 정확해지니까"

대학에서 출발한 지 약 1시간. 니치아화학은 논 한가운데 우두커니 서 있었습니다. 사옥처럼 생긴 건물들 주변으로 소나무 숲이 둘러싸고 있었습니다. 정문 목제 간판에 '니치아화학공업 주식회사'라는 문자를 보고 한숨 돌렸습니다. 사내에 들어가니 멀리서 봤던 건물들이 윤곽을 드러냈습니다. 작은 단층 건물로 함석지붕을 하고 있어서 판잣집이라 불러도 될 만한 건물들이었습니다. 게다가 코를 찌를 듯한 시큼한 냄새가 진동하고 있었습니다. 화산성 유황 냄새. 온천 달걀 냄새였습니다.

니치아화학은 황화아연으로 형광체를 만들고 있었기 때문에 유황 냄새가 진동했던 겁니다. 갑자기 독가스라도 제조하고 있는 게 아닐까 하는 상상이 머릿속을 스쳐 속이 울렁거리기도 했습니다. 건물에 왔다 갔다 하는 사원들은 모두 흰 실험복을 입고 있었습니다. 그 실험복에는 형광체의 황색과 적색 안료가 덕지덕지 묻어있었습니다. 이때 각인되었던 '화학 공장=공해'라는 이미지가 지금까지 머릿속에 깊숙이 굳어져 있습니다.

타다 교수님은 송림 속 오솔길을 앞장서 성큼성큼 걸어갔습니다. 부지 내에는 함석지붕 건물들이 점점이 있으며 그중 단층 건물에 안내 사무소가 있었습니다. 응접실에서 기다리고 있으니, 여직원이 차를 내왔습니다. 저는 벌써 긴장된 모습을 감출 수 없었습니다. 드디어 오가와 노부오 사장이 모습을 드러냈습니다. 그때의 인상은 지금 기억이 잘 나지 않습니다. 타다 교수님은 대충 내 소개를 하곤 둘이서 옛이야기에 꽃을 피우기 시작했습니다. 너무 긴장한 나머지 그들의 얘기를 입을 꼭 다물고 그저 듣고만 있었습니다.

오가와 노부오 사장님은 한 기업을 창업한 사람답게 한마디 한마디에 자신감이 넘쳐흘렀습니다. 목소리는 크고 말도 빨라 상대가 말할 틈을 주지 않았습니다. 공대에서 말로 유명한 교수님 아니랄까 봐 타다 교수님도 이에 질세라 청산유수였습니다. 중간에 낀 나는 안중에도 없었습니다. 한참 뒤 두 분이 대화에 지쳤는지 3명이 같이 점심을 먹으러 나갔습니다. 아무리 아난시가 시골이라 해도 고급 요리 집 한 곳 정도는 있습니다. 지금 돌이켜보면 대단한 곳은 아니지만, 그때는 이런 최고급 요릿집에서 점심을 먹어도 되나 벌벌 떨었던 기억이 있습니다. 비싼 요리는 거의 먹어본 적 없었던 시골 학생이었으니, 그때 먹어본 음식은 감격할 수밖에 없었습니다. 요릿집에서도 두 사람은 내가 있는 둥 마는 둥 서로 대화에 꽃을 피웠습니다. 저에 관한 얘기는 첫 대면 시, '이쪽이 나카무라 학생이야, 잘 부탁하네' 정도가 전부였습니다.

니치아화학 주식회사는 당시 형광등과 TV 브라운관에 들어가는 형광체를 주로 제조하는 회사였습니다. 제 전공은 전자공학이었으니 분야가 완전 달랐습니다. 물론 도쿠시마 대학 공대 전자공학과에서 니치아화학에 입사한 사람도 없었습니다. 상황이 이런데 '과연 날 진짜 채용해줄까?' 하는 의구심만 커졌습니다. 오가와 사장님과는 여기서 헤어졌습니다. 대학에 돌아와 타다 교수님은 내게 물었습니다.

"어떻게 할 거야?"

"니치아화학에 꼭 들어가고 싶습니다. 잘 부탁드리겠습니다"

결정은 확고했고 교수님께 머리 숙여 추천을 부탁했습니다. 도쿠시마에 남는 이상 취직하지 않으면 가족을 부양할 수 없었기에 동네 공장인들 자동차 판금 공장인들 마다할 처지가 아니었습니다. 작은 시골 화학 공장이라도 일할 수만 있다면 그걸로 행복하리라 생각했습니다. 더구나 때는 4월. 가고 싶은 회사를 골라서 갈 수 있는 상태도 아니었습니다. 그런데 니치아화학에 인사차 간 후 2~3일이 지나 대학 연구실 전화로 오가와 사장님이 직접 나를 찾았습니다.

"타다 교수님 소개를 받긴 받았지만, 귀 군은 우리 회사에 올 마음이 있는 건가?"

"꼭 가고 싶습니다. 잘 부탁드리겠습니다"

긴장한 듯 대답하자, 오가와 사장님은

"흠, 말은 그렇게 하겠지만, 당신같이 우수한 학생은 우리 회사에 오면 아까워. 좀 더 좋은 회사가 있잖아. 교세라에 합격도 했으니까. 우리 회사는 언제 망할지 모를 회사니까 좀 더 생각하는 게 좋을 거야"

'참 이상한 사장님도 다 있군' 세상 물정 잘 모르는 나는 절대 그런 일 없을 거라며 필사적으로 들어가고 싶다고 호소했습니다. 이건 최근 알게 된 사실인데, 오가와 사장님이 타다 교수님께 내 추천을 거절했었다고 합니다. 이미 그해 채용인원 6명이 확정된 상태였고 1명을 더 채용할 여유가 없었던 게 이유였습니다. 즉, 오가와 사장님으로부터 직접 걸려온 전화는 불합격통지였던 것입니다. 그런 사정도 모른 채, 다시 한번 타다 교수님께 부탁했습니다. 아마도 이미 교수님은 회사 측에 저를 강하게 추천했던 게 틀림없었습니다.

그 후 교수님은 이런 말을 들려주셨습니다.

"오가와 사장은 공부 잘하는 착실한 타입의 사람을 좋아하니까. 도쿠시마 대학 공대 탑이라는 네 성적이야말로 내가 쓸 수 있는 미끼였지. 오가와 사장은 거기 걸려든 거야"

아슬아슬하게 겨우 좁은 취업문을 통과했던 나는 시험이 없었지만 원래 니치아화학 취직시험은 전부 영어라고 합니다. 외국어는 보통 노력으로 지속한다고 해서 자기 것으로 되지 않는 법, 외국어가 유창하다는 건 뭐든 열심히 하는 사람이라는 증거라는 게 오가와 사장의 지론이라 합니다. 얼마 뒤 채용통지서가 도착했습니다. 그렇게 니치아화학에 취직이 되었습니다.

I 자연에서 살고 싶다

인생의 진로를 정할 때, 도쿠시마라는 풍요로운 자연 속에서 살고 싶다고 결심했던 것처럼 저는 어릴 적부터 자연이 좋았습니다. 이는 아마도 태어난 고향에 대한 향수 때문이 아닐까 생각도 합니다. 저는 에히메현 니시우와군 세토쵸우 오오쿠라는 곳에서 1954년 5월 22일에 태어났습니다. 아버지는 시코쿠 전력회사 보안과에 근무했습니다. 어머니 성함은 히사에. 저는 유년기를 오오쿠 변전소 부지에 사택에서 보냈습니다. 보안과인 아버지는 태풍이 오면 폭풍우 속에서 시설보수 점검을 다니셨습니다. 돌이켜보면 철이 들기 시작할 때부터 전기는 제게 친숙한 존재였는지 모릅니다. 니시우와군 세토쵸우 오오쿠라는 지명은 대부분 생소하게 느끼실 것입니다.

일본 시코쿠 섬 북서쪽에서 세키 고등어로 유명한 규슈 오오이타현県 사나노세키쵸우町 방향으로 뻗어있는 길쭉한 반도를 아실 겁니다. 사다미사키 반도입니다. 오오쿠가 위치하는 곳은 사다미사키 반도의 내륙 쪽에서 3분의 2정도 반도 쪽으로 떨어진 남측 해안가입니다.

대부분 어업을 생계로 하고 산 중턱에 밭을 일궈 고구마를 재배하는 전형적인 시골 마을입니다. 제가 어릴 적 아직 버스가 다닐 수 있는 넓은 도로가 없어, 반도 내륙에 위치한 야와타하마까지는 작은 여객선으로 갈 수밖에 없었습니다. 조금이라도 바다가 험악해지면 여객선은 결항하여 마을은 고립되기 일쑤였습니다. 임산부가 진통이 오기라도 하면 목선에 산모를 태워 노를 저어 근처 마을까지 이송하기도 했습니다. 저는 초등학교 1학년 때 대나무 총을 만들다가 왼손 검지가 깊숙이 배인 적이 있었습니다. 그렇지만 병원이 멀어 치료를 받으러 가지도 못했습니다.

앞으로는 온난한 우와카이 바다가 펼쳐져 있고, 뒤로는 아열대 식물이 자라는 산이 자리 잡고 있었습니다. 큰 가게도 없거니와 교통도 불편한 어촌 마을이었지만 좌우지간 푸르른 자연만큼

오오즈로 이사했을 당시의 나카무라 가족과 친척들
어머니 히사에중앙, 아버지우측 상단, 나카마루 슈지우측 하단

은 풍부했습니다. 바다며 산이며 매일 얼굴이 새까맣게 탈 정도로 뛰어놀았습니다. 선창에서 낚시하곤 했는데 미끼는여기저기 널브러진 조개면 충분했습니다. 낚시는 특히 태풍을 전후해 잘 되었습니다. 태풍이 지나간 다음 날이나 일요일엔 가족이 총출동해 바닷가로 나갔습니다. 물고기나 조개 등 다양한 것들이 뭍으로 쓸려 올라와 있었습니다. 가족들은 그걸 주워 집으로 돌아왔습니다. 산에서는 곤충 채집과 고구마 캐기가 일상이었습니다. 잠자리를 잡아 꽁지를 떼고 밀짚을 꼽아 날려 보내는 조금 잔혹한 놀이도 했습니다. 사촌들도 모두 같이 고구마를 캐러 가거나 시간 가는 줄 모르고 산에서 종일 뛰어놀기도 하였습니다. 돌이켜보니 외할머니가 자주 고구마를 쪄서 간식으로 주던 기억이 있습니다. 부지 내에 집이 있었던 변전소는 오오쿠의 서쪽 끝, 제가 다녔던 세토쵸우 오오쿠 초등학교의 동쪽 끝에 위치했습니다. 초등학교에 입학하고 나서 1년 동안 해안도로로 매일 등하교했습니다. 내가 초등학교 2학년 때 우리 가족이 에히메현 오오즈시로

사다미사키 반도 오오쿠 시절
눈앞에 바다가 펼쳐져 새까맣게 얼굴이 타도록 뛰어놀았다

이사하기 전까지 오오쿠 전역을 뛰어놀았습니다. 지금 다시 생각해도 즐거운 추억밖에 없었습니다. 유치원이 없어서 초등학교에 입학하기 전까지 공부했던 기억은 없습니다.

담임선생님은 카와노라는 젊은 여 선생님이었습니다. 교육 대학을 막 졸업한 새내기 선생님들은 종종 오오쿠와 같은 시골 벽지로 부임했습니다. 카와노 선생님도 그중 한 분이셨습니다. 착하고 아름다우며 좋은 향수 냄새가 풍기는 선생님이었습니다. 친한 친구였던 타츠오와 함께 선생님 하숙집까지 놀러 가기도 했습니다. 오오즈로 전학 갈 때 마치 영화 〈24개의 눈동자〉에 나오는 장면처럼 카와노 선생님과 학급 친구들이 모두 선창에 나와 손 흔들며 배웅해 주었습니다. 선생님은 '나카무라 군, 열심히 해'라며 눈물을 닦으며 제게 공책과 연필을 선물로 주었습니다. 우리 가족은 목선에 가재도구를 싣고 노를 저어 앞바다에 떠 있는 여객선까지 가야 했습니다. 선생님과 친구들이 손 흔들어 작별인사를 하고 저는 형제들과 울음을 멈출 수 없었습니다. 제겐 누나와 형님 그리고 동생이 있는데, 어렸던 동생을 빼고 모두 오오쿠에서의 추억이 아직까지 눈에 선하다고 합니다. 특히 현재 마츠야마에서 소프트웨어 회사를 하는 형님은 시골인 오오쿠로 회사를 이전시키고 싶어 할 정도로 그곳에 큰 애착을 가지고 있습니다. 오오즈로 이사해 고등학교에 입학한 뒤로도 50km나 떨어진 오오쿠까지 자전거로 친척 집에 자주 놀러 다녔습니다. 결혼 후에도 가족을 데리고 오오쿠로 놀러 갈 정도이니까요. 오오쿠에서 보낸 유년시절이 제 인생에 큰 영향을 미치고 있음이 틀림없습니다. 아침부터 밤까지 뛰어놀았던 기억이 영원히 즐거운 추억으로 남아있습니다.

제가 좋아하는 색은 파란색입니다. 그건 청색 LED 개발과 상관없이 원래 그렇습니다. 파란색은 오오쿠의 바다와 하늘 색입니다. 그 정도로 저는 자연을 너무 좋아합니다. 오오쿠에서 뛰어놀았던 소중한 추억들이 키워준 감성일지 모릅니다. 자연과 함께 살아가는 소중함을 제 자녀들에게 물려주고 싶었던 마음도 이쯤 돼서는 전혀 이상하지 않을 것입니다. 지금도 도시의 교통 체증이나 출근 지옥을 볼 때면 심장이 벌렁거립니다. 매일 만원 전차에 실려 수많은 인파 속에서 살아가는 걸 생각만 해도 기분이 역해집니다.

❙ 직장인이 된 후 첫 임무

대기업 연구원이라는 길을 포기하고 니치아화학이라는 도쿠시마현 아난시에 있는 전공과 무관한 회사에 근무하게 되었습니다. 입사 동기는 6명. 그중에는 교토 대학 공대를 나온 오가와 사장님의 차남과 도쿠시마 대학 공대 화학과 석사를 나온 사람도 있었습니다. 같은 대학 출신자들은 이미 대학원 사은회에서 만난 적 있는 친구들이었기 때문에 동기가 전혀 모르는 사람들만 있지는 않은 셈이었습니다. 단, 그 지역 외부 출신자는 저 혼자였습니다. 대부분이 아난시 출신이었습니다. 입사해 배속된 곳은 개발과. 타다 교수님과 왔을 때 봤던 작은 판잣집 같은 건물에 연구소가 있었습니다. 그곳에 인사하러 갔을 때 깜짝 놀랐습니다. 과장과 사원 이렇게 두 사람이 전부였습니다.

나를 포함해 세 명. 당시, **니치아화학의 사원수는 약 2백 명.** 개발과 3명 이외에는 전부 형광체 관련 업무를 하고 있었습니다. 니치아화학에서 주로 만들고 있던 형광체는 컬러 TV나 형광등, X선 같은 측정 장치에 사용되고 있었습니다. **기술적으로도 개량할 수 있는 여지가 거의 남아 있지 않은 포화 상태**였습니다. 시장이 새롭게 개척될 만한 가능성도 작아 국내 대기업은 물론이고 선진국 기업들이 뛰어들만한 기술 분야가 아니었습니다. 다시 말해, 대기업이 철수한 시장에서 살아남은 기업이 니치아화학이었습니다. 개발과에서 제게 주어진 일은 먼저 갈륨을 정제하는 일이었습니다.

갈륨은 알루미늄 등을 만들 때 부산물로 생기는 물질로 다양한 공업원료가 됩니다. 컬러 TV에 쓰이는 녹색 형광체 원료로도 사용되지만, 비소나 인과 화합시키면 반도체 성질도 띠게 됩니다. 이렇게 해서 만들어진 화합물 반도체인 갈륨비소나 갈륨 인은 적외선이나 적색 LED에 사용됩니다. 형광체 분말을 만들고 있는 화학회사에 취직해, 지금까지 연구해왔던 전자공학의 지식은 살리지 못할 거라 낙담했던 저는 갈륨이라는 반도체 재료를 취급할 수 있다는 사실에 약간의 위안을 받아야 했습니다. 그 분야에서는 나름대로 자신감이 있었기 때문입니다.

그러나 얼마 지나지 않아 개발과 선배 사원 두 명이 '네가 개발과라니, 어떻게 들어온 거야?' 라기에 제가 의아한 얼굴을 하자 '개발과는 곧 없어질 거야' 라며 불온한 소문을 말하기 시작했습니다. 갈륨을 정제하는 연구를 3~4년하고 있는데, 전혀 팔리지 않자 전무가 성과가 없는 개발과는 그냥 없애버리라 했답니다. 당시 전무였던 현재 오가와 에이지 사장은 오가와 노부오 제1대 사장의 사위였습니다.

도쿠시마현 아난시는 지금도 농업 이외에는 산업이라 할 만한 산업이 없는 고장입니다. 산에는 임업이, 평지에는 논과 밭을 일구는 농업밖에 없습니다. 최근 전력공급을 위해 시코쿠에서 가장 큰 화력발전소가 생겼지만, 그 전력도 대부분 타지방으로 공급됩니다. 조금 큰 기업이라고 하면 쿠라보*, 니폰 덴코**, 오우지 제지*** 정도입니다. 그중에서 니치아화학은 지역에서 거의 유일한 중견 강소기업으로 아난시 고용을 책임져왔습니다. 창업자인 오가와 사장도 항상 이렇게 말했습니다.

"도쿄나 오사카에 공장을 세우는 게 유리하지만, 고향 발전을 위해 아난시에서 전력투구하겠다"

이웃집 농가에서는 논에서 쌀농사를 짓고 비닐하우스에서 토마토와 오이 같은 채소를 키우고 있습니다. 당근 재배로 대박을 터뜨린 '당근 다이진' 이 호화주택을 지은 곳도 이 근처에 있습니

*** 편집자 주: クラボウ, Kurabo Industries Ltd., 섬유제품**

**** 편집자 주: 日本電工, Nippon Denko Co., Ltd., 철강**

***** 편집자 주: 王子製紙, Oji Paper Co., Ltd., 펄프, 종이**

다. 장남이 가업인 농업을 물려받고 둘째, 셋째는 도시에 나가 취직하는 게 아난시의 일반적인 공식입니다. 그 굴레를 보자면 니치아화학은 중요한 역할을 맡은 셈이죠. 또 화학 공장이라면 누구나 오염 물질, 폐수 등 나쁜 이미지를 가지기 쉽습니다. 회사 뒤편에는 오카가와라는 작은 강이 흐르고 있는데, 강으로 방류되는 배수 오염도 지역주민들의 걱정거리였을 겁니다. 지역에서 직원을 적극적으로 고용한 것은 지역주민들의 반감을 경감시키고자 하는 목적도 있었을 겁니다. 때문에 아난시 이외 지역에서 통근하는 사원은 거의 없었습니다.

입사했을 당시 가장 먼 거리에서 출근했던 사원은 도쿠시마 시내에서 차로 40~50분 걸리는 저였습니다. 점심시간엔 근사한 자택에 돌아가 점심을 먹고 다시 회사에 복귀하는 사원도 꽤 많았으니까요. 도쿠시마에서 통근하는 걸 동료가 알 때마다 '참, 그렇게 먼 곳에서 잘도 다니는구나'라며 모두 한결같이 놀라는 반응이었습니다. 그들 대부분이 농업인 자식이었습니다. 농업을 할아버지, 할머니에게 맡기고 소유한 논밭 중 일부를 팔면 수십억 원을 만질 수 있는 그런 가정이었습니다. 저처럼 회사 월급만으로 생활하는 순수 샐러리맨 사원은 니치아화학에서는 특이한 존재였습니다.

니치아화학의 여름휴가는 신문에 실릴 정도로 길기로 유명했습니다. 사원들 집 대부분이 농가이기 때문에 당연히 농번기는 일손이 부족합니다. 좌우지간 5월 황금연휴 모내기 철과 여름 김

매기 철 및 수확 철에는 사원들이 대부분 지각과 조퇴를 반복할 정도였습니다. 무단결근도 '논일해서 쉬었다'라는 한마디로 용서되며 누구도 질책하지 않았습니다. 다시 말해 니치아화학은 시골에서 만들어진 시골 회사였습니다. 회사조직을 위한 규칙을 만들려 해도 가정의 농사일을 우선시하는 문화 때문에 규칙이 제대로 기능을 하지 못했습니다. 아무리 출근 시간은 8시까지라고 해도 농사일이 바쁜 시기는 지각자가 속출합니다.

나중에 알게 된 사실이지만, 반도체 기술을 이해하고 있는 사원은 거의 없었습니다. 경영진 및 간부급 사원도 창업자인 오가와 사장 친척이나 지역유지의 부탁으로 입사한 사람들이 대부분이었습니다. 따라서 회사의 기능도 상명하복식 시스템일 수밖에 없었습니다.

개발과가 머지않아 없어진다고 귀띔해주었던 선배도 이러한 사내 문화에 거의 반쯤 포기한 상태였습니다. 힘들게 입사한 부서인데 이렇게 사라져버린다면 허무함만 남을 것 같았습니다. 입사 초기는 불안한 마음으로 회사 일에 도저히 집중할 수 없는 나날이었습니다. 그렇게 갈륨을 정제하는 실험을 한 달간하고 있었을 때 회사에서 새로운 연구 개발 명령이 떨어졌습니다.

니치아화학은 컬러 TV 브라운관에 쓰이는 형광체를 만들고 있습니다. 거래처로는 대기업 가전메이커도 많아, 니치아화학처럼 중소기업이 잘할 수 있는 연구개발 거리를 영업부서에서 거래처로부터 정보를 받아왔던 것이었습니다. 그것은 갈륨 정제는 앞으로 사양 산업이지만 갈륨 인을 만들면 팔린다는 정보였습니다. 갈륨과 인을 반응시켜 갈륨 인이라는 화합물 반도체를 만들면 적색 LED나 황색 LED 재료로 쓸 수 있습니다. 이걸로 우리 개발과는 존속할지 모른다는 생각에 한시름 놓았습니다. 그러나 지금 생각해보면, 당시 갈륨계 화합물 반도체 분야는 이미 대기업이 연구개발에서 제조까지 끝내고 싸게 생산해 줄 하청업체를 찾고 있던 분야일 뿐이었습니다. 다시 말해, 이미 '짭짤한 사업파트'는 대기업이 그 제품군을 장악했고, 남은 건 인건비가 싼 동남아시아에서나 할 수 있는 사업뿐이었습니다.

당시 니치아화학 영업부서는 주력으로 하는 형광체에 관해서는 전문지식과 상황 분석력을 지니고 있었지만, 반도체 분야에서는 그러한 지식이 없었습니다. 아마 거래처에서 들은 정보를 주먹구구식으로 맹신했던 것 같습니다. 게다가 제가 입사하기 직전의 니치아화학은 업적 부진이 이어져 정리해고 상황까지 갔던 위기였습니다. 태어나 처음 입사해 본 회사에서 '회사가 참 가난하구나'란 생각을 하면서도 별로 놀라지는 않았습니다. 그건 그렇고 정작 중요한 예산이 없었습니다. 연필 한 자루를 다 써도 과장님께 결제를 맡아야 다시 살 수 있는 상황이었습니다. 물론 갈륨으로 비소나 인과의 화합물 반도체를 만들어 제품화에 성공하면 제조원가를 낮추는 장점이 있습니다. 불경기인 니치아화학으로서는 큰 매력이었습니다. '군살'에 불과하던 개발과가 이 일에 덥석 달려든 것도 무리는 아닐 것입니다. 회사는 대학원에서 화합물 반도체와 유사한 타이타늄산 바륨 연구를 했던 제게 갈륨 인 개발업무를 맡기려 했습니다. 이렇게 해서 저는 갈륨 인 연구를 필사적으로 시작하게 되었습니다. 물론 그 시초는 상사와 영업부서가 말하는 '갈륨 인을 만들면 대박 난다'라는 주워 온 정보가 발단이었습니다.

물론 신입사원인 저로서는 이러한 사정을 알 리 없었습니다. 우선 스스로 새로운 연구개발을 하려고 해도 무엇을 제품화해야 할지 전혀 구상할 수도 없었습니다. 그때 저는 회사란 상사의 명령을 입 다물고 따르기만 하면 된다고 착각하고 있었습니다. 그렇게 해나가다 보면 일 처리 방법도 깨닫게 될 거라는 생각에 갈륨 인을 조사하기 시작했습니다. 사실 LED라는 광디바이스에 관한 건 일반상식 정도의 수준밖에 알지 못했습니다.

대학생 때 LED 강의를 들었던 것 같습니다. 하지만 내게 관심이 없는 과목은 전부 흘려듣는 성격이라 니치아화학에 들어온 시점에 전부 까먹은 건 당연한 일이었습니다. 막상 나 혼자서 갈륨 인을 만들려니 알고 있는 지식이 전혀 없다는 것을 깨달았습니다. 이때가 입사한 지 2개월 정도가 지났을 때 일입니다. 앞서 말했듯이 개발과에 들어왔을 때 선배가 2명 있었습니다. 그중 한 명은 내가 들어오자마자 형광체부서로 이동하게 되었습니다. 벼랑 끝 망하기 직전의 개발과였으니 한 명이 들어오면 당연히 한 명은 부서 이동될 수밖에 없는 구조였습니다. 그러나 한 명 남은 선배하고는 아무래도 손발이 안 맞았습니다. 입사해서 약 1개월간

갈륨 정제를 가르쳐준 사람은 개발과에서 부서이동 당한 선배였습니다. 다른 부서였지만 신입사원인 제게 많은 조언을 해주었습니다. 이러한 상황에서 갈륨 인 개발에 착수하려 해도 마음이 안 맞는 선배에게 물어보는 건 싫었습니다. 아무리 친하다 해서 부서가 다른 선배와 상담하는 것도 쉬운 일은 아니었습니다. 자연히 혼자서 시작할 수밖에 없었습니다. 첫해에는 갈륨 인과 같은 화합물 반도체 및 LED에 관한 논문을 파고드는 데에만 반년을 허비했습니다.

I 나는 이론파

만약 인생을 다시 살 수 있다면 변함없이 이론적 연구를 또 선택할 것이라 장담합니다. 구체적으로 말해 저는 원래 이론 물리학자나 수학자가 되고 싶었습니다. 그러나 수능시험 때 고등학교 담임선생님의 '자연과학대학은 먹고살기가 어려우니, 공대를 선택하라'는 진로 상담에 이끌려 원래의 꿈을 포기한 것을 아직도 후회합니다. 그 정도로 이론을 좋아해서 대학 강의는 이론을 중심으로 선택했습니다.

그런데 대학원 지도 교수님이었던 타다 교수님은 이론보다 실험을 중시하는 타입이었습니다. 대학 4학년 때 들었던 강의에서도 중간단계는 다 생략한 채 결과가 중요하니 이 식만 외우라는 방식이었습니다. 이과계열 연구자들은 크게 '이론파'와 '실험파'

두 타입으로 나뉘는데, 대게 이론을 좋아하는 사람들은 실험을 반복하는 사람들을 바보 취급하는 경향이 있습니다. 당시에 저는 전형적인 '이론파' 였습니다. 반대로 타다 교수님은 자타공인 '실험파' 였습니다. 내게 이론이 차지하는 비중이 80~90%라면 교수님은 이론 따위는 10~20%로 그다지 중요하게 생각지 않았을 겁니다. 완전 정반대여서 솔직히 타다 교수님 강의는 최악이었습니다. 그런데도 대학원에 남아 타다 교수님 연구실에 들어간 이유는 대학 3학년 고체물성 강의 때문입니다.

강의는 타다 교수님 조교수셨던 후쿠이 마스오 교수님이 하셨고, 고체물성이라는 재료를 다루는 물리학에 큰 관심이 생겼습니다. 4학년이 되자 졸업연구가 있었습니다. 제 졸업 논문 테마는 '반도체 타이타늄산 바륨의 전기전도 메커니즘' 이라는 재료물성을 다루는 분야였습니다. 지금까지는 공대 전자공학과라 해도 강의뿐, 실험 수업은 거의 없었습니다. 그러나 졸업 연구에서 스스로 작성한 논문을 근거로 실험방법을 고안하고, 그 결과를 검증하는 작업을 해보니 그 매력에서 빠져나올 수 없었습니다. 대학에 들어와 처음으로 재미있다고 느끼는 대상과 만나게 된 것입니다.

그런데 대학원에 들어간 후 상황이 변했습니다. 타다 교수님은 일관되게 실험을 중요시했기 때문입니다.

"이론이란 건 전제조건이 필요한 거야. 그 전제조건이 갖춰지지 않을 경우, 이론적으로 증명이 안될 때가 많아. 컴퓨터로 시뮬레이션 계산을 반복해서 억지로 값을 맞출 목적으로

이론을 위한 이론도 많아. 그건 내가 절대 용서할 수 없어"

교수님의 말에 저도 동감했습니다. 어떤 물리현상을 설명하기 위해 많은 논문과 참고문헌을 읽고 이론적으로 밝혀나가는 것을 하고 싶었습니다. 제가 책상에 앉아 논문을 읽고 있으면 말하기 좋아하는 타다 교수님이 뒤를 왔다 갔다 배회하기 시작합니다. 신경이 쓰여 '무슨 일이세요?' 하고 뒤돌아 물으면 '이 논문은 말이야……', '이런 논문 읽어서 어떡할 거야. 그런 내용은 사회에 나가면 아무 쓸모도 없을 거야' 라며 쓴소리를 꼭 붙입니다. 물론 타다 교수님도 평소 이론을 부정만 하지는 않았습니다.

"실험만으로는 실제로 제품이 만들어지지도 않거니와, 아이디어가 없으면 실험이고 뭐고 진행되지도 못할 거야. 내가 이론을 시작부터 부정하는 셈은 아니야"

그러나 제게는 위의 말 대신 '그런 어려운 책을 읽을 시간이 있으면 발로 뛰고 손을 움직여 네 몸 전체로 제품을 만들라' 고 귀가 따갑도록 지도하셨습니다. 그렇게 주장하는 교수님답게 제작 작업은 대단한 실력이었습니다.

유리를 접합시키거나 판금을 두들겨 용접하거나, 선반을 능숙하게 다루어 부품을 가공했습니다. 자칭 '판금사', '유리세공사' 라 자랑하며 장치 대부분을 스스로 만드셨습니다. 실험실에는 고장 난 TV, 중고 라디오, 절품 전자부품, 어디선가 주워온 강관, 유리관 등 쓰레기 같은 수많은 폐자재가 나뒹굴고 있었습니다.

다른 실험실에는 컴퓨터로 로봇을 만들거나 전자장치 논문을 쓰는 등 그야말로 공대 전자공학과 같은 연구를 하고 있었습니다. 이는 당시 꽃피고 있던 기술이었고, 그 방면은 단연 깨끗하고 멋져 보였습니다. 타다 교수님 실험실만 극단적인 '육체파'로, 연구실은 '쓰레기처리장'으로까지 불리며 유명했습니다.

당시 도쿠시마 대학원 석사 한 명이 2년 동안 쓸 수 있는 예산은 50만 엔 정도. 문구류를 사다가 금세 동이 날 듯한 연구비였습니다. 지금 대학원생이라면 국제학회 발표로 석사 때 한 번쯤은 해외에 가는 것도 당연한 얘기입니다. 그러나 도쿠시마 대학은 돈이 없어 학회 발표도 멀리는 가지 못했습니다. 시코쿠에 있는 국립대학들이 돌아가며 개최하는 전기학회에 가는 게 고작이었습니다. 학회에 가서도 고등학교 때 친구 하숙집에 신세를 지며 숙박비를 아껴야 했습니다. 학회가 끝난 저녁 친목회 참가는 어림도 없었습니다. 연구실 자체도 빈곤했습니다. 제대로 된 실험장치를 살 수 있는 예산은 있지도 않았습니다.

어느 날 트랜지스터 회로 구매를 요구한 적 있습니다. 그러자 타다 교수님은 '나카무라 군, 잠깐 여기 와 봐. 네가 원하는 부품은 여기에서 찾아봐'라며 손가락으로 가리킨 곳은 엉망진창으로 망가진 라디오였습니다. 이런 게 과연 동작이나 될지 고개를 절레절레 흔들고 있으면 '당연히 움직이지'라며 호언장담하듯 말했습니다. 대학원씩이나 진학해서 전기용접에, 선반 가공까지 하게 될 줄은 꿈에도 생각지 못했습니다. 예산이 없으니 어쩔 수 없는 일이었습니다.

결국, 타다 교수님 지도대로 대단한 장치는 아니었지만 필요했던 실험 장치를 여러 개 만들었습니다. 땀범벅이 되어 배관가공도 하고 손가락이 시커멓게 될 때까지 부품연마도 했습니다. 동네 공장 직공 생활을 대학원 시기에 체험했습니다. 그렇지만 진짜 하고 싶었던 분야는 이론적인 연구였습니다. 손발을 써서 무언가를 만들고 있는 도중에도 마음속에는 '제기랄, 왜 내가 이따위 짓을 하는 거야'를 주문을 외우듯 되새기고 있었습니다.

I 자작한 장치가 대폭발

제 버릇 개 못 준다고 니치아화학에 입사하고 나서도 갈륨 인 연구개발이 시작되자 이론적인 연구부터 돌입하기 시작했습니다. 논문을 읽고 문헌과 자료를 뒤지며 시간을 보냈습니다. 실적 부진에 허덕이던 회사는 예산이 거의 없었습니다. 대학원 때 상황과 별다를 바 없었습니다. 실험 장치를 새로 도입하거나 하는 건 꿈같은 일이었기 때문에 여기저기 굴러다니는 고물 장치들을 개조하거나 고장 난 부품을 긁어모아 스스로 새로운 장치를 만들어야 했습니다. 논문과 자료들을 하나하나 뒤져가며 장치를 만들 시간이 없었습니다. 게다가 누구의 도움도 없이 혼자서 뚝딱뚝딱 조립해야 하는 상황에서 연구 진도는 좀처럼 나아가지 못했습니다.

시작한 지 몇 개월이나 지났는데도 전혀 아무것도 손대지 않은 상황과 별반 다를 게 없었습니다. 회사는 '아직도 안 됐어? 빨리 제품화해서 매출을 내야지'라며 독촉하기 시작했습니다. 신입사원에게 회사가 주는 압력에 초조해 잠을 이룰 수 없었습니다. 대학원 때는 교수님이 시키면 시키는 대로 투덜거리며 손발을 움직여 실험 장치를 만들었습니다. 그러나 회사에 들어오니 제품화라는 결과를 요구했습니다. 스스로 적극적으로 뭔가 만들어 내지 않으면 끝장인 세계였습니다. 입사해서 반년이 지났을 무렵, 새삼스레 타다 교수님의 말이 떠올랐습니다. 아무리 이론만으로 무장해도 실제로 뭔가 만들어내지 못하면 그걸로 끝이라고 했던 말을 뼈저리도록 이해하게 되었습니다.

니치아화학 입사식
대기업 입사를 포기하고 뭐든지 할 각오로 들어간 회사였다

불현듯 스친 깨달음 이후로 이론적인 공부는 제쳐두고 매일매일 실험 장치를 제작하며 밤새우는 나날이 이어졌습니다. 니치아화학은 형광체를 만들기 위해 전기로를 사용하고 있었습니다. 그중 절반은 옛날 전기로이거나 고장 난 것이 자리만 차지하고 있었습니다. 내화벽돌 및 전기선, 진공 펌프 등 잡다한 것을 주워다가 부품을 잘라내기도 하고 갈아서 용접 작업을 거쳐 고장 난 전기로를 간신히 실험 장치로 부활시켰습니다. 실험에 쓸 석영관도 용접해 연결하는 방법으로 재활용했습니다. 그 모습은 전자공학이라기보다 거의 용접공 수준이었습니다. 대학원 때는 판금 공장 직원, 지금은 용접공 신세가 되었습니다.

제가 마치 이론에만 빠져있는 사람처럼 보일지도 모릅니다. 그러나 저도 어릴 적부터 만들기를 좋아했었습니다. 고향 에히메현 오오쿠에서 지낼 때는 대나무로 헬리콥터도 만들고 총도 만들며 놀았던 기억이 있습니다. 아버지도 손재주가 있어 장난감을 자주 만들어주었습니다. 그 영향도 없지 않겠지요.

아버지는 자녀들 교육에도 관심이 많아 초등학교 때 수학 숙제를 같이 옆에서도 와주시기도 했습니다. 그 덕분에 수학, 과학을 좋아하게 되었습니다. 공작 수업을 잘해서 오오즈시립 키타 초등학교 졸업 기념으로 만든 거대 석고 악어 작품은 유명했습니다. 그리고 학교정원에서 오랫동안 전시되기도 했습니다.

어릴 적 영웅은 〈우주 소년 아톰〉에 나오는 오차노미즈 박사였습니다. 아톰을 제작한 그 박사님을 보고 로봇이나 사람에게 도움을 줄 수 있는 장치를 만드는 과학자를 동경하게 되었습니다. 그렇기 때문에 만들기는 그만큼 미숙한 편도 아니었습니다. 단지 머릿속으로 많은 걸 집중해서 생각하는 것 자체를 좋아했습니다. 그래서 이론적인 쪽에 더 매력을 느꼈는지 모릅니다.

이론은 그렇다 치고 빨리 갈륨 인을 만들어 내야 하는 상황이었습니다. 회사는 변함없이 바짝 쪼아대고 있었습니다. 초조하면서도 실제로 장치를 만드는 과정에서 점점 제품화에 근접해지자 보람을 느낄 수 있었습니다.

갈륨 인은 화합물 반도체입니다. 화합물이란 원소 2개 이상을 써서 만든 균일한 조성을 가진 물질을 말합니다. 예를 들면 불순물이 없는 순수한 물, 즉 H2O는 수소H와 산소O의 화합물입니다. 갈륨 인은 갈륨과 인을 균일하게 잘 섞어야 합니다. 그러기 위해선 석영관이라는 석영으로 만들어진 투명한 관을 진공상태로 하여 그 사이로 순수한 갈륨을 넣고 내부를 고온으로 하여 반응시키면 됩니다. 그때 사용된 석영관의 지름은 최대 약 30cm. 처음엔 얇았지만, 제품화에 성공한 뒤로는 대량생산을 위해 점차 굵어졌습니다. 굵어질 때마다 전기로도 더 크게 만들어야 했습니다. 석영관을 사용하는 이유는 그 내열성 때문입니다. 유리 재료인 관이 견딜 수 있는 온도는 300도 정도지만, 석영관은 1,000도 이상까지도 견딜 수 있습니다.

업자로부터 납품받는 새 석영관은 양측이 뚫린 파이프 형태의 통입니다. 그 한 측을 용접해 막고 열려 있는 곳으로부터 구멍 안

깊숙이 인을 넣습니다. 그리고 간격을 약간 띄운 후 갈륨을 넣습니다. 진공펌프로 공기를 뺀 후, 진공이 되면 다시 용접해 완전히 밀봉된 석영관을 만듭니다. 그것을 전기로 속에 넣고 갈륨 쪽을 약 1,000도, 인 쪽을 약 600도로 가열합니다. 이는 석영관이 새빨갛게 될 정도의 고온상태입니다. 그러면 인이 기화해, 약 1,000도로 가열된 갈륨과 반응해 결정이 만들어집니다. 이것이 갈륨 인입니다.

결정이란 원자가 규칙적으로 배열되어있는 물질을 말합니다. 그 원자 배열 모양은 마치 탁구공을 빈틈없이 깔아서 채워 올린 것처럼 정연하게 배열된 3차원 결정격자 상태입니다.

갈륨 인 결정이 완성되면 석영관 온도를 서서히 내려 다이아몬드 커터로 석영관을 잘라 그것을 꺼냅니다. 석영관의 내압 한도는 약 1,000도일 때 10기압 정도. 약 600도로 가열된 인이 기화하면 5~6기압 정도가 됩니다.

어쩌다가 온도가 너무 올라, 기화된 인이 팽창하여 기압이 오르면 석영관이 파열합니다. 파열이라기보다 폭발이라 하는 게 정확할지 모르겠습니다. 갑자기 쾅 하는 폭발음이 터집니다. 100m 떨어진 주차장까지 땅이 울릴 정도로 굉장한 소리입니다. 순간 온 방 안이 흰 연기로 휩싸여 불붙은 인이 사방팔방으로 튑니다. 화염이 천장까지 솟아오르고 석영 파편이 뿅 하고 소리를 내며 날아갑니다. 화약과 성냥의 원료인 인은 쉽게 불이 붙습니다. 폭발할 때마다 필사적으로 물을 뿌리고 온 방 안으로 튀는 불똥을

잡기 위해 뛰어다녔습니다.

제가 얼마나 자주 폭발을 일으켰으면 처음에는 놀라 달려와 주었던 동료들도 이제는 '아이고, 또 시작이네'라며 반쯤 포기한 상태가 되었습니다. 아마 매달 한 번 정도는 폭발시켰던 것 같습니다. 보통 점심때부터 가열시키기 시작해 저녁이 되면 반응 온도에 도달합니다. 퇴근할 때쯤이면 울려 퍼지는 폭발 소리는 니치아화학에서 명물이 될 정도로 유명해졌습니다.

몇 번이나 폭발이 반복되자 1m 길이의 알루미늄 칸막이를 제작해 전기로 앞에 세워두었습니다. 이로써 폭발할 때의 충격도 막고 안전을 확보할 수도 있었습니다. 지금 회상하니, 그렇게 많은 폭발 속에서 한 번의 부상도 없이 잘도 버텼던 것 같습니다.

재미있는 건 예산 얘기만 나오면 엄격하게 통제하는 회사도 제 몸뚱이의 안전문제가 되면 한마디 걱정하는 말도 없었습니다. 위험한 실험을 거치며 똥배짱도 생겼지만, 회사에 대한 회의심도 느꼈습니다. 회사는 사원이 죽든 살든 책임져주지 않을 것 같았습니다. 폭발하는 건 어떻게 막을 수도 없는 일이었습니다. 그러나 그때마다 전기로가 파손되어 석영관이 산산이 조각나는 게 문제였습니다. 예산이 거의 없기 때문에 망가질 때마다 다시 처음부터 만들어야 했습니다.

석영관의 가격은 길이 1.5m, 지름 15cm 정도가 한 개 3만 엔, 실제 제조에 쓰이는 길이 2m짜리 석영관은 거의 5만 엔에 육박했습니다. 사 올 때는 길었던 석영관도 진공상태로 만들기 위해 용접하고, 꺼낼 때 석영관을 자르는 제조과정에서 약 30㎝씩 짧아집니다. 석영관 안에서 약 1,000도로 가열하는 갈륨과 약 600도인 인 사이는 일정한 거리로 띄우고 놓아야 합니다. 그 때문에 짧아진 석영관을 연결해 사용 가능할 정도의 길이로 용접하는 작업도 자주 하게 됐습니다. 가정에서 사용하는 프로판가스 버너로 석영관끼리 용접은 불가능합니다. 내열성이 높은 석영은 수백도 정도의 열로는 녹지 않기 때문입니다. 더 고온까지 올릴 수 있는 산수소 버너를 써서 1,500~1,600도 정도까지 열을 가하지 않으면 용접되지 않습니다. 눈이 아플 정도의 열이었습니다. 온몸이 땀으로 젖습니다. 조금만 금이 있어도 폭발사고로 이어지기 때문에 온 신경을 집중해 긴장 속에서 작업해야 했습니다. 8시에 출근해 오후 3시까지 석영관 용접으로만 보낸 날도 많았습니다. 그때는 산수소 가스통을 하루에 2통이나 썼습니다.

이 작업을 지속하는 중에 드디어 갈륨 인 제품화에 성공했습니다. 연구개발을 시작한 지 3년 뒤의 일입니다. 지금 생각해보면 그것은 그 정도로 어려운 기술은 아니었습니다. 연구자금이 없었기 때문에 장치를 전부 수작업으로 만들어야 하는 노력과 끈기가 필요했을 뿐이었습니다.

갈륨 인의 결정은 반짝반짝 빛나는 보석 같은 물질입니다. 황록색 다결정입니다. 석영관 안에서 잉곳* 상태로 줄줄이 연결되

*** 편집자 주: ingot, 제련한 후에 거푸집에 부어 가공하기에 알맞은 형상으로 굳힌 금속덩이**

어 만들어져 있었습니다. 그러나 실제로는 갈륨 인 제품화에 성공했을 때보다 영업 담당자가 '나카무라, 드디어 팔았어'라고 말했을 때 더 큰 감동이었습니다. 그것은 처음 느껴보는 또 다른 기쁨이었습니다.

니치아화학에서 형광체 이외의 제품화로 성공한 사람은 과거 그 누구도 없었습니다. 당시 갈륨 인의 가격은 1g당 약 500엔. 1㎏당 약 50만 엔이었습니다. 처음에는 조금씩 생산해 낼 수밖에 없었지만 두꺼운 석영관을 사용해, 나중엔 한 번에 약 1㎏을 만들어 낼 수 있게 되었습니다. 1g당 2,000엔 이상 팔렸던 형광체와 비교하면 미미한 수준이었고 그 차이도 컸습니다. 그러나 회사 매출 실적에 다소나마 공헌하게 되어 너무 기뻤습니다.

I 제품 개발에 자신감을 얻다

니치아화학에 입사한 지 3년 만에 갈륨 인 제품화를 성공시켰던 제가 다음으로 착수한 작업은 갈륨비소의 벌크 결정 개발이었습니다. 이도 마찬가지로 영업부서가 지시한 제품화 방안이었습니다. 갈륨비소도 역시 LED 등을 만들 때 필요한 재료입니다. 이번에 개발할 것은 갈륨과 비소의 화합물. 광 IC나 반도체 레이저에도 쓰이기 때문에 갈륨 인보다 판로가 넓은 제품이 될 것이었습니다. 제조법도 같았습니다. 석영관에 갈륨과 비소를 넣고 전기로에서 고온 가열해 반응시켜 제작합니다. 이때도 역시 실험 중 자주 폭발했습니다. 특히 처음 1년 동안은 거의 실험할 때마다 폭발을 일으켰습니다. 1,200도까지 올라간 반응 온도를 서서히 내리면 갑자기 쾅 하고 폭발했습니다.

비소는 인과 달리 타지 않기 때문에 그 점은 좋았습니다. 그러나 폭발할 때마다 실험 장치를 다시 만들어야 했고 석영관을 용접하는 작업은 너무나 귀찮았습니다. 덧붙여 말하자면 '비소 살인사건'이 가끔 뉴스에 나오는 것처럼 비소는 맹독 물질입니다. 폭발 원인을 규명하지 못한다면 제품화는 불가능했고, 저는 필사적으로 골몰했습니다. 물론 폭발하는 이유는 알고 있었습니다. 기화된 비소가 고압이 되는 게 원인이었습니다. 인과 같은 폭발 원인이었습니다. 그런데 왜 고압이 되는지 알 수 없었습니다. 밥 먹을 때나 목욕할 때나 아이와 놀아줄 때도 24시간 그것에 정신이 팔려있었습니다. 그 후 1년 동안의 연구로 갈륨과 비소 비율이 원인이라는 것을 알게 되었습니다.

비소는 고온에서 액체가 되고 온도가 내려가면 기체가 된 후 다시 고체로 돌아온다는 굉장히 특이한 성질을 가진 물질입니다. 갈륨과 비소가 1:1로 화합했을 때 갈륨비소가 됩니다. 그러나 그 비율이 1:1.2라든가 1:1.3과 같이 비소가 조금이라도 많이 화합되면 반응을 다 하지 못한 만큼의 비소가 기화해 석영관 내부에 수십 기압이라는 큰 압력을 가해 폭발했던 것입니다. 갈륨 인 때는 온도를 너무 올려 너무 기화한 인이 팽창하여 폭발했습니다.

전기 온도 관리는 이처럼 화합물을 만들 때 굉장히 중요했습니다. 그러나 그렇게 중요한 부분이 어떤 논문이나 어떤 자료에서도 나오지 않았습니다. 핵심이 되는 노하우는 비밀 취급되어 공개되지 않았던 것이었습니다. 스스로 체험하면서 이런 노하우를 알게 된 것도 기뻤지만, 갈륨비소 제조과정에서 폭발 원인을 알았을 때는 제 연구에 큰 성취감을 느꼈습니다. 실패 원인을 찾아내면 그 다음은 그것을 해결하기 위해 고뇌하기만 하면 됩니다. 이렇게 하여 갈륨비소의 벌크결정도 약 3년 만에 제품화되었습니다.

지금 돌아보니 다른 어떤 이유보다 '혼자서' 화합물 반도체를 제작했다는 그 자체가 획기적인 스토리가 아니었나 생각합니다. 대기업의 경우, 이러한 물질을 연구 개발할 때 보통 10명 정도 프로젝트팀을 꾸려 시작합니다. 제품화에 5년, 10년 걸리는 것도 흔한 일입니다.

혼자라 해도 당연히 이 개발과에 사람은 들어오게 됩니다. 니치아화학도 제품화한 갈륨 인이나 갈륨비소를 생산해 팔아야 합니다. 개발과인 나 혼자서 제조해 낸다는 건 불가능하기 때문에 제품화한 이후 제 밑에 부하를 배치해 주었습니다. 갈륨 인을 완성했을 때 젊은 사원 한 명이 들어왔습니다. 그에게 만드는 법을 가르쳐주고 드디어 제조를 맡길 수 있게 되었을 때 회사는 갈륨비소 개발을 제게 맡기는 식입니다. 갈륨비소 때도 마찬가지입니다.

안정된 제품이 완성되었을 때 제조담당자가 배속되고, 또 새로운 개발 테마가 주어집니다. 이번엔 LED에 사용되는 재료가 아니라, 적외선 및 적색 LED 칩, 즉 빛나는 부분 그 자체를 만들라는 명령이었습니다. 여느 때처럼 대기업이 '니치아에서 이것 좀 빨리 만들어줘' 라고 하면 영업부서가 덩실덩실 춤을 추며 그 개발안을 받아옵니다. 그 일은 옛날만큼 이익이 발생하지 않기 때문에 이미 대기업은 그 일에서 손을 떼고 하청이라도 주려는 속셈이었습니다.

LED로 빛을 내는 칩 부분은 전기저항 성질이 다른 몇 종류의 반도체 물질 박막이 샌드위치처럼 층으로 만들어져 있습니다. 박막은 수 미크론 정도로, 갈륨 인이나 갈륨비소도 이러한 층을 만들기 위한 반도체 물질입니다. 이러한 층을 만들기 위해서는 **에피택시얼 성장법**이라는 기술이 어떻게든 필요했습니다. 반도체 디바이스를 만들기 위해 없어서는 안 될 기술로, '에피' 라는 건 '위', '택시얼' 이라는 건 '배치한다' 라는 의미입니다. 문자대로 기반이 되는 물질 위에 '질서 있게' 다른 물질을 결정으로 배치해 박막을 만드는 일입니다. '질서 있게' 라는 것은 물질들의 결정끼리 균일하게 서로 겹치는 상태입니다. 어떤 결정이라도 원자 배열은 대부분 정연하게 배치됩니다. 이것을 3차원 결정격자라 부르는데, 다른 물질의 3차원 격자끼리 정확하게 겹치지 않으면 성장하지 않습니다. 따라서 전기저항이나 융점이 다른 개개의 물질이라도 결정구조가 같거나 아니면 굉장히 비슷해야 할 필요가 있습니다.

에피택시얼 성장층을 만들기 위해서는 기반이 되는 결정 위에 기반이 녹아내리지 않을 정도의 온도상태에서 그보다 융점이 낮은 물질을 녹여 올린 후 결정화시켜가는 작업을 합니다. 제가 개발한 이러한 기술을 전문용어로는 '갈륨비소 액상 에피택시얼 성장법'이라 합니다. 간단히 설명하면, 고온에 녹여 액상으로 만든 갈륨과 알루미늄, 그리고 비소를 화합시켜 만든 물질을 갈륨 기반 위에 얹혀, 갈륨 알루미늄 비소라는 화합물 반도체 결정박막을 만드는 방법입니다. 다행히 이제 석영관을 진공으로 하지 않으니 폭발의 위험은 없습니다. 쓸 때마다 자를 일도 없기 때문에 석영관 용접한다고 시간을 뺏길 일도 없게 되었습니다. 지금까지와 같이 석영관을 전기로에서 가열해가는데, 이번엔 그 안에 수소 분기 가스를 주입합니다. 석영관 안을 깨끗하게 하기 위해서입니다. 만약 인화해서 폭발한다면 대형사고가 일어날 것입니다.

또 석영관 안에는 고온에 견딜 수 있는 고순도 카본제 기구를 써서 재료를 취급합니다. 지금까지 6년간은 높은 품질이 요구되긴 했지만, 갈륨 인이나 갈륨비소라는 하나의 화합물 반도체를 단순히 만들기만 하면 되는 일이었습니다. 그러나 그 후 장치도 복잡해지고 여러 시행착오가 필요하였습니다. 회사는 '이것도 완성되면 잘 팔릴 거야'라며 항상 재촉했습니다. 그러면 뭐합니까, 예산이 없는 걸. 외주로 주면 시간이 걸리지만 자작하면 싸게 먹히기 때문에 장치는 지난번처럼 직접 만들어야 했습니다. 예를 들면, 완성된 결정박막의 품질을 평가하기 위한 홀 측정기도 자작했습니다. 이것은 비교적 쉽게 완성되었습니다. 대학원 때 타이타늄산 바륨을 측정하기 위해 같은 원리를 가진 장치를 만든 경험이 있었기 때문입니다.

LED 칩을 만드는 원리를 간단히 설명해 드리겠습니다. 약 800도의 열로 녹인 재료는 온도를 낮추면 결정화해, 수 미크론 두께로 박막이 생깁니다. 그 박막이 생길 때를 예상해 다시 가열한 후 다른 재료를 녹여 결정화한 박막을 얹혀나가는 작업을 반복해서 하면 박막이 샌드위치처럼 층을 지어 만들어진 물질이 생깁니다. 이것이 LED 칩입니다. 샌드위치 상태의 구조는 가열한 온도나 시간을 조정한 성장 프로그래밍, 각층의 조성, 두께 등에 의해 그 경우의 수는 무한히 많습니다. 그 변수들을 약간씩 조정하면 LED 휘도의 높낮이, 수명 등에 영향을 미칩니다. 단순히 순서대로 조합한 것이지만, 이러한 시행착오를 반복해 개량을 거쳐 시제품을 만드는 데까지 그리 쉬운 과정은 아니었습니다.

그런데 드디어 발광칩을 만들어 시제품을 납품해보니 웬걸, 거래처는 '잘 빛나지 않는다', '금방 꺼져버린다'는 등 비판을 제기했습니다. 저는 절대적인 자신감이 있었지만, 평가검사든 LED 제품화든 실제로 활용하는 곳은 거래처이기 때문에 반론할 여지도 없었습니다. 게다가 제품 평가검사를 하려면 수개월이라는 시간이 걸렸습니다. 우리 회사에서 제품화를 하지 않으며, 검사 측정기도 없었기 때문에 거래처의 데이터가 나온 뒤 그것을 다시 받아 개량해야 했기 때문이었습니다.

처음엔 LED로 쓸 칩만 만들어달라는 요구로 시작된 개발이었습니다. 그러나 역시 LED라는 디바이스 그 자체를 실제로 제품화하고, 우리 회사에서 평가하지 않으면 무리라는 생각이 그때 확고히 들었습니다. 이를 회사 측에 요구했지만, 처음엔 예산이 없어 무리라는 주장뿐이었습니다. 지금까지 한 발짝 물러섰던 저도 벌써 입사한 지 6년이나 지나서 발언에 조금은 힘이 실렸습니다. 그리고 니치아화학이 어떤 회사인지 조금씩 알게 되었습니다.

니치아화학은 창업자인 사장이 중심인 가족회사입니다. 우두머리와 직접 담판하는 게 가장 빠른 수단이라는 생각에 오가와 노부오 사장에게 'LED까지 직접 만들게 해달라'고 직접 말하러 갔습니다. 그러자 놀랍게도 금방 OK 사인이 나왔습니다. 그 후 바로 작업에 착수했습니다. 전극을 달아 LED를 제조할 수 있는 장치와 내구성 및 광도를 평가하기 위한 측정 장치를 구매해 4년 후 드디어 적외선 LED와 적색 LED 제품화에 간신히 도달했습니다. 이 역시 거의 저 혼자서 한 일입니다. 지금 생각해보면, 4년 만에 LED를 제품화한다는 것, 세계 누구도 할 수 없는 일이라 확신합니다.

❙ 연구 개발은 마라톤처럼

니치아화학에 있을 때, 지방중소기업에 근무하는 한 연구자로서 단순한 나날을 보내고 있었습니다. 샤워로 상쾌한 기분으로 아침 7시 출근해 용접과 실험을 반복한 후 저녁 6시나 7시에 회사를 나섭니다. 집에 돌아와 가족들과 저녁을 먹고 멍하니 생각하며 목욕탕에 몸을 담그고 밤 11시쯤 잠자리에 듭니다. 설날 이외에는 거의 매일 출근했습니다. 앞서 밝혔지만, 니치아화학은 휴가가 아주 많은 회사였습니다. 휴일 출근수당도 받지 못하는데도 저 혼자 회사에 나와 연구개발에 밤을 새웠습니다. 특히 회사가 좋아서 그랬던 것은 아니었습니다. 한 가지를 시작하면 자나 깨나 그것에 온 신경을 집중하는 성격 탓이었습니다. 생각이 떠올랐을 때 금방 해보지 않으면 마음이 뒤숭숭해지는 조급한 성격 탓입니다.

예를 들어 갈륨비소를 만들 때 자주 폭발했는데, 그 이유를 아무리 생각해도 알 수 없었습니다. 그 원인에 대해 온종일 생각에 사로잡힙니다. 문득 잠자리에 들기 전, 밤에 아이디어가 생각나면 다음 날이 일요일이든 여름휴가든 빨리 회사로 나가서 해봐야겠다는 생각에 잠도 오지 않았습니다.

길고 긴 제품 개발은 마라톤과 같은 작업입니다. 매일매일 스텝 바이 스텝으로 실험을 지속해야 하므로 건강관리는 필수입니다. 연구자는 규칙적인 생활이 아주 중요합니다. 이러한 것은 머리로 이해한 게 아니라 이미 체험으로 배웠습니다.

스포츠로 예를 들자면, 중학교, 고등학교 때 저는 배구에 열중했습니다. 오오즈의 중학교에 들어가니 2살 많은 형이 배구부 주장을 하고 있었습니다. 반강제적으로 배구부에 들어가 배구를 시작했습니다. 그 뒤 매일 이 공을 쫓아다니는 생활의 연속이었습니다. 중학교 때는 9명 팀원으로 배구를 했습니다. 저는 볼을 올려주는 세터setter였습니다. 실내체육관이 없는 학교였기에 흙투성이에서 옷이 땀과 피범벅이 될 때까지 연습했습니다. 플라잉

리시브*를 할 때면 땅 위를 슬라이딩하게 됩니다. 그러면 땅에 피부가 쓸려 피가 나는 건 일상다반사였습니다. 오히려 피가 나면 날수록 칭찬받았습니다. 고등학교 입시 시험을 위한 공부는 전혀 할 수 없었습니다. 일요일도 학교에 나와 연습했습니다. 쉴 수 있는 날은 설날 정도였습니다. 그러나 문제가 있었습니다. 고문 선생님은 이름만 고문이었습니다. 배구를 잘 아는 사람은 아무도 없었습니다. 그래서 기술도 작전도 없이 독학에 의존했습니다. 개떼처럼 공을 쫓아 우르르 몰려갈 뿐이었습니다.

배구 연습에 심취했던 오오즈 고등학교 시절
나카무라 슈지 왼쪽에서 2번째, 공을 잡고 있는 사람

* 편집자 주: 배구 경기에서 코트에 떨어지는 공을 받기 위해 달려갈 시간적 여유가 없을 때 몸을 날려 미끄러지면서 공을 리시브하는 동작

전혀 이기지도 못했고 만년 꼴등이었지만 연습량으로 보자면 아마 1등이었을 것입니다. 팀의 슬로건은 다른 건 몰라도 근성이었습니다. 근성으로 토끼뜀 운동장 열 바퀴, 슬라이딩 리시브 100번, 근성, 근성……. 매일 해가 지도록 연습을 거듭했습니다. 이렇게 몸으로 부딪쳐가며 연습과 단련을 거듭하면 강해질 거라고 생각했지만, 시합은 항상 지기만 했습니다. 형과 다르게 오오즈 고등학교에 올라가니 다른 중학교 배구부 출신 선배가 배구를 하자고 해서 또다시 배구와 함께 매일을 보냈습니다. 이번엔 6인팀 배구였는데, 팀은 역시나 약체. 중학교 때와 다르게 배구 관련 책을 보기도 하고 좀 머리를 써서 포메이션과 작전을 생각해 시합에 임했지만, 시합은 언제나 지기만 했습니다.

오오즈 고등학교는 공부 우선인 학교로 배구부를 하는 학생은 상업과 학생이나 보통과 중에서도 하위권 학생이었습니다. 그런 연유로 부원은 겨우 6명밖에 없었습니다. 그러니 성적이 뛰어난 반에 있던 내게 담임선생님은 항상 배구부를 그만두면 성적이 더 좋아지니까 그만두라고 끊임없이 설득했습니다. 그때는 선생님이 하는 말은 뭐든 정답이라고 착각하고 있었기 때문에 2학년 도중에 할 수 없이 그만두게 되었습니다. 그러나 내가 그만두면 배구부는 5명이 되어 존속할 수 없게 됩니다. 부원들은 모두 돌아오라며 사정사정해 그만둔 지 2주 만에 복귀했습니다. 다시 배구에 찌든 일상이 반복되었습니다. 결국에 성적이 좋은 반에서 3학년까지 운동부를 지속한 것은 저 혼자뿐이었습니다. 6년 동안 배구만 전념한 학교생활을 했지만, 성취감이나 그런 것은 전혀 없었습니다. 공부도 마찬가지. 처음부터 완벽하게 다 완성된 상태라면 무슨 재미가 있겠습니까. 분노나 억울한 감정을 원동력으로 바꿔 나날이 집중할 수 있게 되는 것입니다. 아무리 해도 이길 수 없는 그 분노가 있으니 근성으로 매일 뛰어넘으려 노력하는 것입니다.

도쿠시마 대학에 들어가서도 가만히 못 있는 성격이라 요시노강 올레길을 거의 매일 달렸습니다. 거리는 10km에서 20km 정도. 습관이 되기 시작하니 몸을 움직이지 않을 때는 기분이 이상해질 정도였습니다. 조깅도 페이스 조절이 중요한데, 처음부터 단거리 질주하듯 달리면 오래 뛰지 못하며 무리하면 다음 날은 전혀 달릴 수 없게 됩니다. 연구도 마찬가지입니다. 장기간 하나에 집중해 생각하고 궁리하면서 실험하는 나날입니다. 스포츠 선수와 마찬가지로 손과 발을 써서 어떤 걸 만들어 내야 합니다. 건강하지 않으면 도저히 매일 매일 이어갈 수 없습니다. 지금도 저는 규칙적인 생활을 유지하도록 신경을 쓰고 있습니다. 아무리 연구에 열중해도 너무 무리하지는 않습니다. 일을 집에까지 가져가서 한 적도 없습니다. 물론 어려운 문제에 봉착해 너무 집중한 나머지 잠을 이루지 못한 적은 있습니다. 그러나 규칙적으로 수면은 꼭 지키고 샤워를 한 후 욕탕에 몸을 담그고 밥을 먹고 양치질을 합니다. 음식을 가리거나 하지도 않습니다. 낫토와 국수를 빼면 못 먹는 게 없습니다. 시코쿠 출신이라 낫토는 어떻게 해보겠지만, 차가운 국수는 싫어하는 편입니다. 이러한 생활을 유지하기 위해 중요한 것은 역시 가족이라는 존재, 가족과 함께 있는 시간입니다. 일이 아무리 바빠도 밤이 되면 반드시 일찍 귀가해 아내와 딸들과 함께 저녁을 같이 먹도록 신경 쓰고 있습니다.

┃고독한 생활 도중에 나타난 여성

가족은 제 연구 생활 속에서 가장 중요한 존재입니다. 그 가족의 중심이라 할 수 있는 아내 유코와 만난 것은 도쿠시마 대학 3학년 5월 축제 때였습니다. 대학생 때 가재도구라곤 코타츠와 라디오가 전부인 월세 5천 엔 하숙 생활을 했습니다. 친구들과 놀지도 않고 혼자 책을 읽거나 공부만 했습니다. 어떻게 보면 변태라 봐도 됩니다. 취미라곤 매일 요시노 강변을 달리는 조깅 정도. 물론 여자가 드문 공대생이기도 하여 그때까지 여자친구도 없었습니다.

그해 대학 축제 시기였습니다. 학식 중 가장 싼 100엔짜리 정식을 혼자서 먹고 있었는데, 그때 옆 강당에서 시끄러운 공연 소리가 들렸습니다. 댄스파티를 하는 것 같았습니다. 하숙집으로 바로 돌아가려고 했지만, 좀 구경이나 하고 갈 생각으로 안을 들여다보고 있으니 나처럼 그 안을 들여다보고 있는 여학생한테 눈이 가게 되었습니다. 공대에서는 보지 못한 학생이었으니 아마도 교육대학 학생이라 생각했습니다. 아무리 제가 공부만 했다고 해도 역시 혈기 왕성한 대학생이었습니다. 그 여학생에게 무심코 '같이 춤추지 않을래요?' 라고 말을 걸고 말았습니다. 물론 매력이 없더라면 말을 걸지도 않았을 것입니다. 지금도 그때를 돌이켜보면, 어떻게 그렇게 적극적으로 다가섰는지 놀랄 정도입니다. 그녀가 유코입니다. 예상대로 교육대학 학생으로 저와 같은 학년이었습니다.

잠깐 얘기했을 뿐인데 무언가 끌림을 느꼈습니다. 상대방도 같은 느낌이었는지는 모르겠으나 그날 꽤 오랜 시간 동안 함께 있었습니다. 도쿠시마 대학 축제에는 40km 떨어진 역에 전차로 간 후 밤새도록 걸어서 돌아오는 '칸포' 라는 행사가 전통적으로 이어져 오고 있었습니다. 축제라는 독특한 분위기 때문이었는지 우리 둘은 전차를 타고 밤하늘을 보며 많은 얘기를 하며 걸었습니다. 어떤 얘기를 했는지 기억이 안 나지만, 아내 말로는 우주나 물리, 철학과 같은 내용을 얘기했다고 합니다. 결국, 밤 7시 정도부터 다음날 새벽 6시까지 우리는 함께 있었습니다. 이렇게 축제와 칸포라는 학교 행사 덕분에 우리들은 사귀게 되었습니다. 사귀고 나서 금방 결혼부터 생각했지만, 아직 학생이라 다시 생각했습니다. 더구나 물성물리학이라는 재료공학에 관심을 두기 시작한 저는 대학원에 진학하기로 했습니다.

안타깝지만 석사를 졸업할 때까지 결혼은 잠시 미루기로 했습니다. 대학원을 나와 번듯한 대기업에 취직해 유코와 결혼할 생각이었습니다. 그녀는 대학을 마치고 저보다 미리 사회에 나와 도쿠시마 대학 부속유치원에서 교사생활을 시작했습니다. 그러나 인생은 알 수 없는 법. 대학원 1학년 12월에 임신 사실을 들었습니다. 기쁘기보다 너무 놀랐습니다. 이렇게 된 이상 결혼할 수밖에 없었습니다. 그녀의 아버지는 은행원이었습니다. 몇 번 함께 밥을 먹은 적은 있었지만 이번엔 그런 게 아니었습니다. 학생 때 결혼하는 것이니까요. 되든 말든 반대까지도 각오하며 결혼승낙을 받으러 갔습니다.

"결혼하게 해주십시오"

장인은 고민에 빠진 듯 아무 말 없이 정적이 흘렀습니다. 되는지 안 되는지 아무 답도 없었습니다. 두 사람만 있는 응접실에 침묵이 흘렀습니다. 어쩔 수 없이 '그럼, 잘 부탁드리겠습니다' 라며 인사를 한 후 돌아오게 되었습니다. 그 후 허락을 받고선 2월 22일 결혼식을 올렸습니다.

대학원 1학년 2월, 임신 사실을 알고 학생시절 결혼을 결정함
아내 유코는 지금도 우리 가족의 중심이다

도쿠시마 대학은 시골 학교였기 때문에 학생 결혼은 빅 뉴스였습니다. 아마 당시에는 우리뿐이었을 것입니다. 학생이라 결혼 비용도 없었습니다. 주례는 타다 교수님께 부탁하고 사회도 실험실 조교수님께 부탁하여 2천 엔씩 축의금을 받아 간소하게 결혼식을 열었습니다. 아내도 배가 불러와 지금까지 살던 단칸방 하숙집에 신혼을 차릴 수는 없었습니다. 창고를 개조한 건물로 더러운 공용 화장실이 악취를 풍기는 하숙집이었으니까요. 신혼생활은 깨끗한 임대아파트에서 시작했지만, 출산 준비를 위해 아내는 친정집에 당분간 생활하게 되었습니다. 딸이 8월에 태어났고, 대학원을 졸업할 때까지 저는 신혼집 아파트에서 자유로운 생활을 했습니다.

그 뒤 출산 휴가가 끝나고 아내는 다시 직장에 복귀했습니다. 아기는 장모님이 봐주시기로 하여 저도 같이 처가로 거처를 옮겼습니다. 1985년 집을 다 지을 때까지 처가 장인 · 장모님과 함께 살게 되었습니다. 첫째를 낳고 연년생으로 둘째 딸이 태어났는데, 두 딸을 장모님이 잘 돌봐주셨습니다. 바쁜 맞벌이 부부를 도와준 두 분께 지금도 감사하고 있습니다. 아내를 중심으로 움직이는 이 가정은 제가 안정 속에서 생각에 집중할 수 있는 소중한 장소입니다. 그렇지만 집에 돌아오면 필요한 말 말고는 거의 입을 열지 않았습니다. 가족과 함께 식사하든, 아이들과 놀아주든, TV나 정원을 바라보며 느긋하게 엉뚱한 상상의 나래를 펴고 있었습니다.

저는 술도 별로 마시지 않으며 담배는 피지 않습니다. 물론 도박 같은 건 절대 안 합니다. 조깅은 결혼 후 얼마 지나지 않아 점점 안 하게 되었습니다. 회사에 입사한 후 시작한 운동은 동료들과 가끔 오르는 등산이 전부입니다. 흔히 일이 취미라는 사람도 있지만, 일보다는 혼자서 조용히 생각하는 게 저의 취미입니다. 특히 연구나 실험처럼 문제에 부딪히면 아내가 불러도 모를 정도로 집중하며 생각합니다. 마치 좌선의 경지와도 같은 것입니다. 길을 걸을 때도 자주 전봇대에 부딪히기도 합니다. 생각하는 것도 그렇지만 무언가를 집중해보는 것도 좋아합니다. 그래서 관찰력이 좋은지 모릅니다.

어릴 적부터 멍하니 뭔가를 바라볼 때가 많았습니다. 고향인 사타미사키 반도 오오쿠에는 초등학교 1학년 때까지 살았는데, 바닷가에 앉아 바다를 항해하는 배를 오랫동안 바라본 적이 있습니다. 이처럼 가만히 집중해 생각하거나 뭔가를 멍하니 바라볼 때가 저에겐 가장 편안한 순간입니다. 그리고 생각을 집중할 수 있는 장소가 가족과 함께 보낼 수 있는 집입니다.

❙ 영업으로 길러진 많은 체험

그렇게 10년간 매일 생각에 생각을 거듭한 결과, 저는 니치아화학에서 제품화를 3개 성공시켰습니다. 먼저 갈륨 인과 갈륨비소, 그리고 적외선 및 적색 LED입니다. 사실 그동안 연구실에 틀어박혀 실험만 한 것은 아니었습니다. 연구 개발은 물론이고 제조, 품질관리도 혼자서 했습니다. 회사는 업적 부진으로 허덕이고 있었습니다. 개발과 상사는 '수익률을 높여라. 단가를 줄여라' 라고 매일 시끄럽게 떠들어댔습니다. 갈륨 인 제품화에 처음으로 성공했던 입사 4년째, 이익을 높이라고 노골적으로 말하기 시작했습니다. 제품이란 팔려야만 비로소 '제품화되었다' 고 말할 수 있습니다. 회사는 저에게 매출판촉을 위해 거래처에 갔다 오라고 지시를 내렸습니다. 즉 제가 만든 제품을 거래처에 잘 팔 수 있게 영업을 도와주라고 말입니다.

형광체가 주력 제품인 니치아화학은 반도체에 관한 전문지식을 가진 영업 담당자가 없었습니다. 거래처인 대기업에 제품을 설명하기 위해 어떻게든 제가 직접 가야 하는 상황이었습니다. 영업 선배와 함께 마츠시타 전기와 토시바와 같은 공장에 자주 다녔습니다. 이러한 대기업에는 일류대학 박사과정을 나온 박사님들이 우글우글합니다. 그러한 사람들에게 '우리가 만든 제품입니다. 한번 시험해보세요' 라며 구매를 권유합니다. 샘플로 출하한 것이니 이 제품들은 무료, 많을 때는 100g이나 제공할 때도 있었습니다. 제가 가지고 간 샘플을 본 그들은 '시골 아난시에서 혼자서 반도체를 잘 만드셨네요' 라며 모두 놀라워했습니다. '맞아요. 그러니 품질검사를 좀 부탁합니다. 그 결과를 보고 좋으면 구매해주세요' 라며 머리를 숙이며 부탁했습니다. 같이 간 니치아화학 영업 담당은 반도체 얘기를 이해할 수 없으니 옆에 앉아 머리를 숙여 웃고 있을 뿐이었습니다.

평가시험에 합격해 처음으로 계약 협상에 들어갔습니다. 그때는 영업 접대도 자주 했습니다. '우리 제품을 평가해주셔서 감사드립니다. 그런데 오늘 밤, 시간은 어떠십니까?' 라며 술자리를 권합니다. 노래방에 간 다음 카바레나 클럽으로 2차, 3차로 데려가 노래와 술로 흥을 돋웁니다. 당시 도쿠시마 밤거리에는 제가 즐겨 찾던 가게들이 꽤 많았습니다. 지금도 도쿠시마 주변 명품 니혼슈일본술는 거의 외우고 있을 정도입니다. 그러나 접대가 매일 밤처럼 이어져 '이대로 내가 영업부서에 눌러앉는 게 아닐까' 하는 불안감도 생겼습니다. 불량품이 나와 거래처에 사죄하러 간 적도 있습니다. TV 리모컨에 쓰이는 적외선 LED를 만들기 위한 갈륨비소 결정에 실리콘이 너무 많이 들어갔는데, 그걸 모르고 출하해 문제가 생겼습니다. 영업담당과 거래처인 T 회사에 가니, 많은 박사님이 기다리고 있었습니다.

"어떻게 불순물이 들어갔어요?
결정의 성장온도는 몇 도로 했습니까?"

계속되는 질문에 식은땀 범벅이 되었습니다. 무조건 성의껏 사과하며 원인을 설명했고 원만하게 해결하려 노력했습니다. 그런 노력에도 불구하고 손해배상청구에 휘말려 그 서류작업도 전부 저 혼자서 해결해야 했습니다. 그 상황에서도 T 회사 박사들이 '어디서 기술을 도입한 게 아니라 이걸 전부 독자적으로 개발하다니, 정말 대단하네요' 라며 놀란 표정을 감추지 못했습니다. 내가 해낸 것에 대한 자신감이 생긴 것은 바로 이때쯤이었습니다. 그런데 니치아화학은 형광체 전문회사이기 때문에, 실적이 없는 반도체를 만들어도 그렇게 쉽게 손님으로부터 신용을 얻을 수 있는 건 아니었습니다. 이미 많은 회사가 경쟁하는 분야이니 경쟁 상대가 많았습니다. 더구나 평가시험에 합격해도 거래처는 되도록 싼 가격에 구매하려고 합니다.

니치아화학과는 아직 반도체 분야에서 거래가 없는데, 반도체는 다른 데서도 많이 만들고 있으니 당신들한테서 사는 메리트가 없다는 식이었습니다. 이렇게 불평하는 방식으로 가격을 낮추려 드는데, 극단적인 경우 반으로 깎아달라는 회사도 있었습니다. 거래처에 몇 번이고 방문해 접대 공세도 펼치며 영업 담당자와 노력했습니다. 이렇게 하여 겨우 제품화 제1호인 갈륨 인을 판매할 수 있었습니다. 다른 회사에 비교해 30% 싼 가격이었지만, 그래도 매출은 매월 200만 엔 정도였습니다.

| 점점 커져만 가는 갭

연구직이 영업 접대까지 하는 회사도 흔치 않지만, 주위에서 이상하다고 생각할 정도로 당시 저는 불평이 없었습니다. 원래 인간관계는 특기 중 특기였기 때문입니다. 오가와 사장님이 '나카무라는 통통 튀고 밝아서 영업부서에서도 인기가 있다' 고 평가했었다는 얘기를 나중에 타다 교수님에게서 듣게 되었습니다. 초등학교 때는 학급위원으로 자주 뽑혔고, 친구를 가리지 않아 공부를 못하는 친구, 싸움 잘하는 친구들과도 친하게 지냈습니다. 뭔가를 거절하면 상대방에 대한 실례라 생각했기 때문에, 친구들이 놀자고 하면 싫다고 거절하지 못하는 성격이었습니다.

그 사람이 뭘 생각하고 있는지 금방 알아채는 것도 인간관계가 특기가 된 이유인지 모릅니다. 어릴 적부터 술래잡기 할 때도 금방 숨은 곳을 찾아내거나 술래로부터 들키지 않는 장소를 잘 꿰고 있었습니다. 트럼프도 잘했는데, 상대를 기습적으로 공격해 이기는 것쯤은 일도 아니었습니다. 반대로 말해 상대방 마음을 꿰뚫어 본 뒤 그에 맞추어가면서 자연히 인간관계에 뛰어난 사람이 되었는지 모릅니다.

회사에 들어가고 나서도 부하가 생겨 사람을 모을 일이 생기면 팀을 잘 꾸려 나갈 수 있었습니다. 젊은 사원과도 친구처럼 부담없이 대화할 수 있었습니다. 상하관계를 고집하는 성격도 아니기 때문에 상대방도 편안하게 대해 주었습니다. 접대 자리에서 밤늦게까지 술대접하는 것보다 괴로웠던 것은 제가 만든 제품이나 저의 실적에 대한 회사 내 평가였습니다. 애초 제가 들어갔을 당시, 시골에 있던 니치아화학 사원들은 모두 느긋하고 순박한 사람들이 많았습니다. 대부분 회사 일을 농업의 부업쯤으로 생각하며 회사에 다니는 것처럼 보일 정도였습니다. 마음씨 좋은 시골아저씨 같았습니다.

저녁 5시 회사를 마치면 야구나 소프트볼을 하며 놀기 바빴습니다. 사람들이 하자고 하면 거절도 못 하고 웬만하면 참여하는 성격입니다. 인원이 부족하니 나카무라도 나오라고 하면 대부분 참여했습니다. 야구가 끝나면 그다음은 반드시 술자리로 이어집니다. 술이 들어가면 동료들은 어깨를 툭 치며 내게 말했습니다.

> "나카무라. 부탁이 있는데, 좋은 제품을 개발해 회사를 빛내. 우리들은 농업밖에 모르니까. 시골 사람들이라 아무것도 몰라. 그래도 너는 기대가 크니까"

그러나 제 입지가 좁기만 했습니다. 실적을 올릴 수 있는 제품은 아직 한 개도 만들지 못했기 때문입니다. 회사 전체에서 차지하는 반도체 부문의 매출 비율은 작은 게 확실했습니다. 또 적외선이나 적색 LED 제품화 과정에서 도입한 제조 장치나 측정 장치는 결코 싼 물건들이 아니었습니다. 제품화 단계마다 제조를 위한 인력을 새롭게 고용했으니 인원도 늘어났습니다. 매출이 월 200~300만 엔으로는 부문별로 봤을 때 비용대비 효과가 크지 않는 것도 당연합니다. 인건비와 재료비를 빼면 얼마 남지도 않았습니다. 오히려 적자라 할 수 있습니다. 제가 개발한 제품이 적자 연속이라는 것은 저도 잘 알고 있었습니다. 그러나 갈륨 인이나 갈륨비소나 적외선 LED는 제가 적극적으로 개발하자고 제안했던 제품이 아니었습니다. 이걸 개발하면 팔린다고 회사가 개발하라고 명령했던 제품들이었습니다. 거의 저 혼자 매달려 제품화했고 실험장치도 혼자 제작한 것이었습니다. 개발에 든 실제 비용은 미미한 수준이었습니다. 게다가 반도체를 혼자서 제품화했다는 것 자체만으로 대단하게 평가할 수 있는 기술이었습니다. 그렇지만 반도체를 잘 모르는 부서 사원들은 그러한 사정을 알 리가 없었습니다. 특히 회사 매출에 크게 공헌하고 있는 형광체 부문이나 창업 당시부터 근속하는 사람들은 저를 혹독하게 바라보았습니다. 매출이라는 숫자만으로 판단하며 제가 돈을 펑펑 써서 팔리지도 않는 제품만 만들고 있다고 10년간 계속 불만을 들어야 했습니다.

예를 들어 입사 후 5~6년이 지났을 무렵 영업부서 부장급 상사와 함께 도쿄로 출장 갔을 때 일입니다. 니치아화학은 당시 출장자들이 숙박할 수 있도록 도쿄와 오사카에 아파트를 보유하고 있었습니다. 제품 판촉을 위한 출장이었는데 밤에는 아파트로 돌아와 반성회를 엽니다. 아파트에 돌아오면 상사는 술을 사 오라 시키며 설교가 시작됩니다.

> "네가 개발한 건 전혀 팔리지 않아. 개발과인지 족발과인지 이름뿐이잖아. 5, 6년 동안이나 도대체 무엇을 하는지 모르겠네"

상사는 20년 이상이나 근무한 선배입니다. 그런 말을 들으면 팔리지 않는 건 내 탓이구나 하는 착각마저 듭니다. 주눅이 든 저는 반론도 못 하고 죄송하다고 사과할 뿐이었습니다. 잠이 들기 전까지 술에 취해 매도당했습니다. 게다가 인사 면에서도 저는 회사로부터 전혀 평가를 받지 못했습니다. 지금까지 10년간, 대체로 3년, 3년, 4년이라는 개발페이스로 추진해왔습니다. 그러나 회사는 제품화에 성공하면 그 제조부서에 인력을 새로 충원하고, 저를 다른 새로운 제품을 처음부터 개발하라는 식으로 사이클을 돌렸습니다. 다시 말해, 모처럼 저 혼자 제품화했지만, 그 뒤 제조로 넘어갈 때면 제가 관여할 수 없었습니다. 제가 개발한 신제품은 새로 들어온 부하가 제조를 맡습니다. 제조가 시작되면 그게 전혀 팔리지 않았던 것도 아니었습니다. 그러면 표면상은 제조를 맡게 된 직원이 매출을 신장시키고 있는 것처럼 보여, 회사는 그 직원을 높이 평가했습니다.

한편, 새로운 제품화를 위해 다시 연구에 돌입한 저는 구체적인 매출에 관계되지 못했습니다. 연구자가 직접 이윤에 공헌하기 위해서는 신기술을 개발한 특허 사용료 정도밖에 없을 것입니다. 그러나 회사는 원칙상 특허 신청을 금지하고 있었습니다. 저로 인한 매출은 표면상 제로였습니다. 마치 공로를 가로채는듯한 기분이었습니다.

팀에 새롭게 사원이 충원되는 것은 좋습니다. 이해할 수 없는 건 나중에 들어와 제품화에 전혀 기여하지 않은 사원이 단순히 연공서열로 제 상사가 되는 일이었습니다. 예를 들어 갈륨 인을 제품화하면 바로 대기업에서 저보다 2살 위인 자가 전직해 들어왔습니다. 저는 다시 갈륨비소라는 새로운 개발을 회사로부터 지시받습니다. 그러면 그 개발만으로도 벅차, 갈륨 인 제조까지 감당할 수 있는 여력이 없어집니다. 그 사람에게 갈륨 인 제작법을 전수하고 1년이 지났을 때였습니다. 어느 날 갑자기 그 사람은 평사원에서 주임이 되었습니다. 저는 여전히 평사원이었습니다. 또, 제가 신입사원으로 들어왔을 당시, 개발과 과장은 오가와 사장이 개발과 부양책으로 N 회사에서 스카우트한 인재였습니다. 그러나 그는 상사와의 충돌로 그만두게 되었고, 전혀 다른 부문에서 이동해온 평사원이 어느 날 갑자기 과장이 되기도 했습니다.

나중에 들어온 사람이 자신의 존재를 과시하며 방약무인하게 명령하는 걸 참을 수 없었습니다. 먼저 들어온 사람을 추월해 섭섭한 마음도 없지 않았을 것입니다. 반도체에 관한 지식도 별로 없는 상태에서 진급했기 때문에 허세를 부릴 필요가 있었는지도 모릅니다.

니치아화학에는 경력직이 많았습니다. 그런데 사원의 포지션을 취급하는 인사 시스템은 완전히 엉망진창이었습니다. 출세할 명확한 기준도 전혀 없는 회사에 저는 분노마저 느꼈습니다. 아마 형광체 부문에는 그리 진급할 자리가 남아 있지 않기 때문에 거기서 출세에 실패한 사람을 다른 부서로 챙겨주려는 생각이었을 것입니다.

또 제 실적이 사회적으로 인지되지 못한 데 대한 불만도 있었습니다. 직접 영업을 뛰며 제 설명을 들은 거래처만 기술을 높이 평가해주었습니다. 특히 반도체를 전문으로 연구하는 사람들은 그 내용을 이해하기 때문에 모두 감탄했습니다. 그러나 업계에서는 대부분 니치아화학이 반도체를 만들고 있는지조차 몰랐습니다. 어떤 실험장치가 필요해 업자에게 전화를 걸어 카탈로그를 요구해도 보내주지 않는 곳도 많았습니다. 갈륨비소와 같은 결정을 자르는 슬라이싱 머신이라는 장치를 구매하려 했을 때였습니다. 도쿠시마현 아난시라는 시골에 있는 회사에서 반도체를 독자적으로 개발할 리 없다는 판매처의 말투에 울분을 느낀 적도 있었습니다. 들어본 적도 없는 회사에 자료를 보내도 매출로 이어질 리 없다고 판단했는지 카탈로그도 보내주지 않았습니다.

물론 학계에서도 제 존재는 투명인간이었습니다. 따로 논문을 발표하지 않았기 때문이었습니다. 갈륨 인과 갈륨비소, 적외선 LED 기술로 논문을 쓰려고 하면 얼마든지 쓸 수가 있습니다. 그러나 저는 10년 동안 논문 한 편 발표하지 못했습니다.

니치아화학은 회사방침으로 기술적 노하우를 지키기 위해 극단적으로 폐쇄적인 규칙이 있었습니다. 특허 신청은 물론 논문발표나 학회 참석도 기본적으로 금지되었습니다. 회사방침에는 반드시 복종해야 한다고 의심치 않았던 저는 이런 규칙까지 어겨가며 논문을 발표하거나 특허를 취득할 생각은 없었습니다. 회사는 모든 작업과 연구를 비밀에 부치고 싶어 하는 모양이었습니다. 아무리 특허를 내고 싶다고 제안해도 노하우 출원을 하라는 말만 합니다. 그것은 특허를 신청해 중도에 취하하는 것입니다. 그렇게 하면 법적으로 특허로 인정되지 않지만 다른 회사에서 특허소송이 걸리면 노하우를 지킬 수 있기 때문입니다.

또 특허를 신청해 기술을 공개하면 다른 회사로부터 소송을 당하지나 않을까 꽤 걱정했던 것 같습니다. 모든 걸 몰래 진행해 나가길 바랐던 걸까요?

성공하지 못할지는 모르지만, 니치아화학에서

제가 도전할 수 있는 것은 LED 관련 제품화밖에 없었습니다.

미개척 분야 LED 디바이스…….

고휘도 청색 LED도 그중 하나였습니다.

사실 고휘도 청색 LED를 제품화하고 싶다는 꿈을

그전부터 계속 가슴에 품고 있었습니다.

광디바이스 세계에서 선명하고 푸른빛을 발하는 LED는

세계 모든 연구자가 도전하려고 하는

그야말로 '꿈의 기술'이었기 때문입니다.

제2장

푸른색을 향해

❙ 자포자기하여 내린 결론

입사해 약 10년, 적외선 및 적색 LED 제품화에 성공해, 새롭게 입사한 젊은 부하들에게 그 제조를 맡기니 제게 약간 생각할 시간이 생겼습니다. 지금까지의 과거를 다시금 돌아볼 수 있었습니다. 회사의 명령에 목숨 바쳐 제품화하고 매출증진을 위해 영업까지 뛰었던 일, 열심히 제품을 만들었지만 전혀 팔리지 않아 회사로부터 무전취식이라 매도당했던 일, 나중에 입사한 부하에게 추월당해 승진도 못 하고 월급도 전혀 오르지 않았던 일, 모처럼 독자적 기술로 신제품을 만들어도 특허신청이나 논문발표도 원칙상 금지당해, 연구자로서 실적이 아무것도 없었던 것 등등.

제 취미는 생각하는 것이었습니다. 그때도 10년 동안 제가 이룩해온 일에 대한 작은 자부심과 회사가 매긴 과소평가 등급을 생각하게 됐습니다. 그것은 메워질 수 없는 커다란 간극이었고 매일매일 생각날 수밖에 없었습니다.

지금까지 회사가 잘되기 바라며, 수익을 올리기 위해 묵묵히 일만 해 왔습니다. 영업부서의 제안과 상사의 명령이라면 한 치의 의심도 없이 스스로 생각하거나 판단도 하지 않고 '네, 네' 하며 추진해 왔습니다.

그러나 실제로 연구를 시작해 생각에 집중하니 '이 제품이 개발되면 무조건 팔린다' 라고 영업부서와 회사가 말하는 걸 나 자신도 무턱대고 믿게 되었습니다. 생각하는 게 취미라 말하면서 너무 제가 단순했다는 걸 깨달았습니다. 정말 중요한 부분에 관해 생각하지 못했던 겁니다. 그것을 다시금 곱씹어 생각해보니, 왠지 속았다는 생각이 들었습니다. 생각하면 생각할수록 점점 '바보'가 된 듯한 느낌이었습니다.

니치아화학에 입사할 때만 해도 '도쿠시마에 남을 수 있다면 어떤 일이라도 좋다'고 생각했던 저였지만 일을 시작하면 욕심도 생기는 법입니다. 자기 회사와 다른 회사를 비교하기도 합니다. 내 마음속에 갈등이 싹트기 시작한 이상, 더는 회사를 객관적으로 생각하지 못하게 되었습니다. 상사가 하는 말도 그대로 받아들이는 것도 불가능하게 되었습니다.

'내 인생이 이걸로 끝일까'

'만약 회사라는 게 믿으려야 믿을 수 없는 존재는 아닐까'

여기까지 생각이 발전되지는 않았습니다. 아직 회사에 충성심이 강하게 남아있었기 때문입니다. 영업부서와 상사들이 무조건 팔린다고 말했던 것을 제품화해도 전혀 팔리지 않는 것과 거래처가 아무리 높게 평가해도 회사는 나를 전혀 인정해주지도 않았다는 한이 쌓여있었습니다. 그러나 그것이 큰 감정으로 돌출되지는 않았습니다. 물론 회사에 회의감은 들었습니다.

도쿠시마에 있는 다른 회사와 비교해보니, 역시 이 회사는 이상한 회사라고 느낄 수 있었습니다. 이러한 실망감과 불만이 나도 모르게 쌓여 있었던 것만은 사실입니다. 그러나 그것보다 큰 것은 동료에 대한 죄책감이었습니다. 인간관계가 좋아서 회사에는 친한 친구도 있습니다. 상층부나 다른 부서 사람들은 우리를 높이 평가해주지 않았지만, 저를 이해해주는 동료와 선배, 부하들은 많이 있었습니다. 같이 등산 활동을 하는 사이좋은 선배님도 있습니다. 그들의 격려와 지원으로 도움이 많이 되었지만, 점점 그것도 짐이 되었습니다. 왜 그렇게 죄책감과 불안감을 느꼈던 것일까요. 그것은 회사와 동료들에게 나 자신은 아무것도 할 수 없었기 때문이었습니다.

숫자만 객관적으로 보면 제가 쌓아온 결과는 제로 이하. 필사적으로 신제품 개발을 해온 10년간 결국 남은 것은 적자뿐. 아무리 획기적인 제품을 개발해도 그것이 팔려 직접 매출로 이어지지 못하면 기업 사회적인 측면에서 전혀 평가되지 못했습니다. 지금 생각해보면 자학적일 수도 있겠지만,

회사에 대해 계속 잘못했다는 생각이 마음속에 맴돌고 있었습니다.

내가 이대로 회사에 계속 있으면 적자만 늘리고 폐만 끼치게 되는 건 아닐까 생각했습니다. 단순하다면 단순하고 솔직하다면 솔직한 것 같습니다. 회사에 대한 충성심과 멸사봉공滅私奉公*의 마음, 그리고 동료들과의 인간관계가 저를 강한 죄책감으로 몰아갔습니다. 이처럼 지난 10년을 뒤돌아볼 시간이 있었습니다. 회사에 더 있기 힘들고 코너에 몰려있던 게 오히려 득이 된 셈입니다. 생각에 생각을 거듭하다가 제가 내린 결론은 회사를 그만두는 것이었습니다. 그만두는 것은 간단합니다. 그러나 가정을 생

*** 편집자 주: 개인의 욕심을 버리고 공공의 이익을 위하여 힘씀**

각하면 역시 주저하게 됩니다. 고민했습니다. 저는 가족이 있습니다. 아직 어린 딸이 3명 있습니다. 그 뒤 그만두자는 마음을 가슴에 품고 매일 아침 출근하게 되었습니다. 그런 나날 속에서 다음으로 생각한 것이 그만두는 법이었습니다. 그때까지 10년간 회사에 폐만 끼쳐왔습니다.

"어차피 그만둘 거라면 폐를 끼친 김에 내가 좋아하는 걸 마음껏 다 하고 그만두겠어"

이판사판으로 이런 황당한 논리 전개에 이른 것도 그 이유가 있습니다. 그때 저는 이미 열에 받쳐 있었습니다. 사고를 담당하는 톱니바퀴가 고장 나 논리적으로 생각하는 게 불가능한 상태였습니다.

약 3년 주기로 이러한 감정에 휩싸였습니다. 물정을 모른다고 할까 상식이 결여되었다고 할까, 보통사람이라면 거기까지 극단적으로 되기 전에 어떻게 불을 끄겠지만, 저는 달랐습니다. 아슬아슬한 선까지 몰리고 몰려 마지막의 마지막에 다다라 폭발하게 됩니다. 그렇게 되면 생각이나 행동은 180도 바뀝니다. 인격마저 완전히 다른 사람으로 바뀝니다. 그때는 특히 심하게 폭발했습니다. 어쨌거나 회사를 그만둘지 아닐지를 결정할 정신 상태였기 때문입니다. 그 전까지 저는 전형적인 멸사봉공형 기업을 위한 사람이었습니다. 무슨 일이든 '네, 네'로 맞장구치며 불만 없이 일했었습니다. 하지만 폭발하기 시작하자 저는 그러한 태도 자체가 모든 악의 근원처럼 생각되었습니다.

반도체를 잘 모르는 회사 측의 제품화 제안서를 보고 영업적으로 팔릴지 아닐지, 전문가인 자신이 조사하거나 반론을 하지 않았다는 반성도 있었습니다.

"회사명령으로 해왔지만 결국 엉망진창이 됐다. 회사가 하는 말을 들었더니 제대로 된 일이 없다. 내게 도움이 되지도 않았고 무엇보다 회사에 손해만 끼쳤다. 그렇다면 회사명령에 따르지 말고 스스로 생각해 판단하고 내가 좋아하는 걸 하면 되잖아"

이런 마음가짐으로 뒤돌아보니 제가 정말 하고 싶었던 연구는 한 가지도 하지 못했던 걸 깨달았습니다. 그 결과 팔리지도 않는 제품만 억지로 개발하게 되는 상황에 빠진 것이었습니다. 그럼 다른 사람들이 옳다고 말하는 정반대의 일을 하면 되지 않을까. 논리적으로는 너무 비약이지만, 오히려 회사가 반대하는 연구, 제가 하고자 하는 연구 테마를 실현한다면 왠지 해피엔딩으로 끝날 것 같은 느낌이 들었습니다.

지금까지 제품화한 것은 모두 이미 라이벌 회사가 만들고 있는 것이었습니다. 게다가 신규진입해도 영업적으로 어려운 것도 당연했습니다. 생각을 정리해보니 오히려 아무도 하지 않았던 일, 아무도 할 수 없었던 것을 제품화한다면 그곳에 거대한 시장이 기다리고 있을 거라고 생각했습니다.

만에 하나 그게 성공하면 회사에 진 빚도 갚을 수 있습니다. 동료들에게 미안한 마음도 불식시킬 수 있습니다.

"어떻게든 성공시켜 빚을 갚자. 그렇게 하면 지금까지 날 무시했던 사람들도 나를 다시 보게 될 거야"

궁지에 몰려 자포자기하는 심정으로 도전하는 결의도 있었습니다. 어차피 그만두게 될 거니까. 마지막으로 죽이 되든 밥이 되든 좋아하는 일을 마음껏 하고 그 뒤에 그만둬도 늦지 않다고 생각했습니다. 만약 그게 실패로 끝나도 사직서를 제출할 좋은 기회가 되기 때문이라 생각했습니다. 그래서 목표는 크면 클수록 좋았고 그게 오히려 실현 불가능할 정도의 목표라면 딱 좋았습니다. 그 목표에 맞는 것이 고휘도 청색 LED였습니다.

| 연구자들의 꿈 '청색 LED'

회사에 들어와서 꾸준히 LED에 관한 연구를 해왔습니다. 10년간 흘린 피와 땀을 무의미하게 하고 싶지는 않았습니다. LED에 관한 기술은 조금 자신이 있었습니다. 성공하지 못할지는 모르지만, 니치아화학에서 제가 도전할 수 있는 것은 LED 관련 제품화밖에 없었습니다. 미개척 분야 LED 디바이스……. 고휘도 청색 LED도 그중 하나였습니다. 사실 고휘도 청색 LED를 제품화하고 싶다는 꿈을 그전부터 계속 가슴에 품고 있었습니다. 광디바이스 세계에서 선명하고 푸른빛을 발하는 LED는 세계 모든 연구자가 도전하려고 하는 그야말로 '꿈의 기술'이었기 때문입니다.

푸른색 LED가 실현되면 빨강, 녹색, 파랑이라는 빛의 삼원색이 다 갖추어집니다. 따라서 이들을 조합하면 세상 모든 색을 구현할 수 있게 됩니다. 백색도 구현 가능해지기 때문에 일반 조명 시장도 뚫을 수 있습니다. 청색 LED 실현은 LED의 세계, 빛의 세계를 바꾸는 혁신브레이크 스루 break through, 그야말로 상식의 벽을 깨부수는 것과 같은 파괴적인 발명이었습니다.

제가 폭발했던 1988년 당시, 이미 적외선, 적색, 황색, 황록색을 LED로 발광시키는 것은 가능했습니다. 그러나 청색은 아무리 노력해도 실용화에 도달할 수 없었습니다. 세계 일류 연구기관들이 인재를 모아 대형 프로젝트팀을 조직해 연구 자금을 막대하게 투입해 최신의 실험 장비로 연구를 거듭해도 그것은 실패로 끝났습니다. LED에 관한 논문과 자료, 문헌을 읽어도 '어렵다', '실용화는 21세기를 넘길 것이다'는 말뿐이었습니다. 왜 그럴까? 그 이유는 파란색 특징에서 찾을 수 있습니다.

LED 중에서 가장 파장이 긴 것은 적외선 LED입니다. 그다음이 적색, 황색, 황록색으로 이어집니다. 점점 파장이 짧아집니다. 파장이 짧아지면 광의 특성상 밝기가 지속되지 못해 어둡습니다. 사실 당시 이미 탄화규소라는 화합물 반도체를 이용한 청색 LED가 개발되었지만, 그 빛은 실용화하기엔 너무 어두웠습니다.

LED로 선명하고 강한 푸른색 광선을 내기 어려운 이유는 반도체 분야에서는 거의 상식에 가까웠습니다. 인공적으로 금을 만드는 것과도 같이 어려워 '현대판 연금술'이라고까지 불릴 정도였습니다. 그 뒤, 세계적으로 유명한 연구자가 고휘도 청색 LED는 이론적으로 불가능하다고 논문에 공표할 정도였습니다. 전 세계에서 누구도 실현한 적 없는 고휘도 청색 LED. 제가 그 존재를 처음으로 안 것은 갈륨 인을 개발하기 위해 논문을 뒤지고 있을 때였습니다. 그 이후 '언젠가 나도 청색 LED에 도전하고 싶다'는 열망을 키우고 있었습니다. 실제로 해보고 싶다고 상사에게 상담한 적도 있었습니다. 그때 '바보야? 돈도 기술도 없는 주제에 개발에 성공할 리 있어?'라며 단칼에 거절당했습니다. 그러나 당시 '다른 사람과 전혀 반대의 길을 간다' '누구도 하지 않는 일을 한다'는 신념을 지녔던 저는 회사가 반대하면 할수록 해볼 만한 가치가 있을 것 같았습니다.

| 사장에게 직언

청색 LED에 도전하고 싶다는 마음을 그대로 직속 상사에게 떠들어봤자 무의미하다는 걸 알고 있었습니다.

웃음거리가 된 채 스스로에게 마이너스가 될 뿐이었습니다. 진지하게 조언해줄 리 만무했습니다.

어차피 그들은 그런 중요한 결정을 내릴 결정권도 없었습니다. 다른 연구를 핑계로 회사에는 비밀로 추진할까도 생각했지만, 그런 얄팍한 수로 길게 갈 리 없을 것 같았습니다.

고휘도 청색 LED는 전 세계 연구자들이 지혜를 짜내며 막대한 연구자금을 쏟아 부어도 실현할 수 없는 기술입니다. 개발 비용이 상당히 드는 연구이기 때문에 회사의 뒷받침도 굉장히 중요했습니다.

니치아화학 창업자, 오가와 노부오 씨와 함께
화학자임과 동시에 기업가이기도 한 오가와 씨는 내 구세주였다

당시 니치아화학 시스템은 완전히 상명하복식이었습니다. 바톰 업상향식이라는 발상은 거의 제로였습니다. 경영진이 절대적인 권한을 갖고 있었습니다. 과장이나 부장들은 아무런 권한도 없었습니다. 사장 일가 혈연 관계자와 아난시 권역 지연 관계자들로 경영진이 구성되어 회사 조직을 지배하고 있었습니다.

이러한 회사 사정을 생각한 끝에 제가 직접 사장께 협상하기로 했습니다. 적외선 LED 디바이스의 제품화를 부탁했을 때와 마찬가지로 사장님께 직접 보고하는 게 답이었습니다. 죽기 아니면 살기로 결단했을 당시 사장은 아직 오가와 노부오 씨였습니다.

그다음 해, 사위였던 오가와 에이지 씨가 자리를 물려받아 오가와 노부오 사장은 회장으로 물러났습니다. 그러니 오가와 노부오 사장은 말이 사장이지 현역을 은퇴한 것과 마찬가지였습니다. 경영에 관해 이래라저래라 참여하지도 않았습니다. 단 중요할 때는 그 위엄을 발휘했습니다. 항상 잔소리가 많은 상사도 사장이 정한 일이라면 불평불만하지 않을 것 같았습니다. 즉, 오가와 노부오 사장님의 승낙만 받는다면 꿈의 도전은 일사천리로 시작될 것이라 확신했습니다. 숨어서 실험하지 않고 당당히 개발에 전념할 수 있을 것 같았습니다. 개발 허락을 맡게 될 확률은 50%. 만약 GO 사인을 받지 못하면 그만두는 길 외에는 없었습니다. 회사를 그만두고 어떻게 할지까지는 생각지 않고 죽기 살기로 산산조각이 될 때까지 부딪쳐 볼 생각이었습니다. 내심 사장님은 나를 제대로 평가해줄 거라는 한 줄기 희망은 있었습니다. 마침 그때 나를 칭찬했다는 소문도 들었습니다.

"그 친구는 물건도 잘 만들어"

갈륨 인을 처음으로 제품화 했을 때 사장의 말이었습니다.

"나카무라는 허풍쟁이지만 물건을 만드는 재능은 보통이 아니야"

예산을 들여 제품화한 뒤 전혀 팔리지 않아 내가 화제에 중심에 섰을 때도 제 재능을 인정해 주었습니다.

허풍쟁이라지만, 제가 허풍을 떤 것은 아니었습니다. 영업부서에서 '나카무라가 연구한 제품이 반드시 팔릴 것'이라고 사장에게 보고한 것을 사장은 제가 그렇게 말한 것이라 오해하고 있었던 게 발단이었습니다.

오가와 노부오 사장은 니치아화학이라는 중견 회사를 창업한 기업인이기도 했고 화학자이기도 했습니다. 제가 개발과에 막 들어온 시기, 전자공학이 신기했는지 1주일에 한 번 정도는 '나카무라, 요즘 어때?'라며 반드시 모습을 드러냈습니다. 1988년 당시, 그는 76세로 저와는 나이 차가 꽤 나서 같은 공대 출신 사람이라 공감했다는 정신적 연대감은 거의 없었습니다. 실제로 화학 분야는 밝았지만 제가 하는 분야는 사장이 전혀 감도 잡을 수 없었으리라 생각합니다.

어쨌든 꿈에 도전하기 위해서는 사장과 담판 짓고 넘어야 할 벽이었습니다. 언제 담판 지을지 기회를 엿보거나 하지는 않았습니다. 조급한 성격 탓입니다. 생각나면 바로 움직이는 행동파였습니다. 담판은 바로 밀어붙이는 게 중요합니다. 어느 날 출근해 사장실로 직행했습니다. 오전 10시 정도였습니다. 장황하게 설명하지 않았습니다. 해도 이해할 수 없으리라 생각했습니다.

"청색 LED를 개발하고 싶습니다"

단도직입적으로 말을 꺼냈습니다. 그러자 의외로

"그래? 하고 싶어? 해봐"

정말 쉽게 OK를 받았습니다. 마치 골탕 먹은 것 같아 진짜 해도 되냐고 다시 여쭈어보니,

"그래, 해봐. 하고 싶으면 해봐"

기분 나쁠 정도로 너무 순조롭게 끝났습니다. 사장이 말했다면 이미 끝입니다. 중소기업, 가족회사의 장점을 굳이 말하자면 빨리 결정되고 응답하는 것입니다. 일류대기업에서는 이렇게 순조롭게 가지는 않습니다. 대표와 만나는 것 자체가 쉽지 않습니다. 그날은 그 정도로 끝내고 말하기 곤란한 연구예산 얘기는 좀 시간을 두고 다시 갔습니다. 이전부터 사장은 이윤 대부분을 연구개발비로 책정해야 한다는 철학을 지니고 있었습니다. 이것 역시 니치아화학의 장점이었습니다.

그러나 니치아화학에서 실제로 연구개발을 하는 건 저 혼자였기 때문에 불경기 때는 다른 부서에서 견제가 심해지기도 했습니다. 사실 그때 회사는 잘 나가고 있던 때였습니다. 마침 오가와 노부오 사장은 적당한 연구 테마가 있으면 돈을 쓸 생각을 이미 하고 있었습니다. 예산을 타내기에도 절호의 타이밍이었습니다.

"그전에 말한 건입니다만, 좀 예산을 많이 받았으면 합니다"

"어느 정도냐?"

"3억 엔 정도는 들 것 같습니다"

실제로 연구에 돌입하면 처음 받은 예산으로는 너무 부족한 적이 많아 우선 생각한 금액이 3억 엔이었습니다. 그러자 그 정도라면 생각해보겠다는 대답이었습니다. 그 뒤 몇 번이나 찾아가 청색 LED에 관해 설명했습니다. 그러던 와중에 '좋아, 시작해'라는 승낙을 받았습니다. 지금까지 책정되었던 개발비와 비교하면 생각할 수 없을 정도로 큰 예산이었습니다. 이걸로 회사를 당분간 그만두지 않아도 되었습니다. 큰맘 먹고 사장과 담판을 지었던 건 역시 좋은 판단이었습니다.

I 두 소재, 두 방법

20세기 안에는 실용화할 수 없다고까지 전해졌던 청색 LED. 그걸 정말 제품화할 수 있을지 착수하기 전까지 '십중팔구 난관'이라 점치고 있었습니다. 좀 더 현실적으로 말하면 성공할 확률이 제로에 가깝다는 게 제 느낌이었습니다. 그러나 연구자는 낙관적이고 긍정적 마인드가 요구됩니다. 저도 다른 사람들로부터 낙관적이라는 말을 자주 들었는데, 연구 분야에서 비관적인 마음가짐으로는 아무것도 할 수 없습니다. '무조건 된다'고 주문을 걸지 않으면 매일 착실히 실험을 반복하는 건 불가능할 것입니다.

다행히 거의 자포자기 심정으로 착수한 연구였지만, 시작하니 예전처럼 집중하게 됐습니다. 제 머릿속엔 언제나 청색 LED뿐이었습니다. 그러나 청색 LED를 만들기 위해서는 지금까지와 전혀 다른 생각이 필요합니다. 바로 미지의 영역이었기 때문입니다. '과거의' 역사는 대부분이 '실패의' 역사입니다. 지금까지와 같이 논문이 있거나 전례가 있거나 해서 그걸 모방하거나 개량해서 될 일이 아니었습니다. 10년간 축적해온 제 지식과 기술을 총동원하며 어디서부터 손을 댈지 한동안 눈감고 코끼리 만지듯 더듬더듬

할 뿐이었습니다. 청색 LED를 하자고 정하기 전부터 소재로 가능성이 있는 물질이 3개 밖에 없다는 건 잘 알고 있었습니다. 탄화규소는 탄소와 규소, 셀렌화아연은 셀레늄과 아연, 질화갈륨은 질소와 갈륨이라는 각각 2가지 원소로 만들어진 화합물 반도체입니다.

앞서 말했듯이 당시 이미 탄화규소로 청색 LED는 제작된 적 있었습니다. 그러나 너무 어두워 실용화는 먼 얘기였습니다. 따라서 처음부터 탄화규소는 선택지에서 제쳐두고 남은 건 셀렌화아연이나 질화갈륨 중 하나. 어느 것을 고르냐에 따라 성패가 갈릴 게 분명했습니다. 한번 시작하면 되돌리는 건 불가능하기에 신중히 선택해야 했습니다.

소재를 검토하면서 사전조사 작업을 했습니다. 그 결과 청색 LED를 만들기 위해서는 적외선이나 적색 LED를 만들 때와 같이 '종래의 제작법'으로는 불가능이라는 데 도달했습니다. 적외선 LED 칩을 만들 때는 액상 에피택시얼 성장법Epitaxial Growth을 이용했습니다. 그러나 그렇게 고열로 소재를 녹여, 열평형 상태로 하는 방법으로 셀렌화아연과 질화갈륨이라는 청색 LED의 원료 소재를 만들 수 없습니다.

열평형 상태라는 것은 물질이 열에너지로 균형을 이룬 상태를 뜻합니다. 간단히 말하면 화산 용암처럼 열로 녹은 물질이 다시 식어 굳은 뒤 돌과 같은 생태가 된 것을 말합니다. 자연계에 있는 물질 대부분은 열로 녹은 뒤 굳고 나서 안정된 열평형 상태로 존재합니다.

GaAlAs갈륨, 알루미늄, 비소의 화합물를 이용한 적외선 LED 칩을 예로 들면, 기반 갈륨 위의 열로 녹여진 GaAlAs가 시간이 지남에 따라 식어 굳어져야 합니다. 액상 에피택시얼 성장법으로 이러한 열평형 상태가 만들어지는 셈입니다.

그러나 셀렌화아연으로 하든, 질화갈륨으로 하든 열을 가하면 녹지 않고 그대로 기체가스가 되고 맙니다. H2O, 물은 온도에 따라 얼음이라는 고체, 물이라는 액체, 수증기라는 기체로 기화합니다. 때로는 고체에서 액체 상태를 거치지 않고 그대로 기체로 되기도 합니다. 이러한 현상을 승화라 합니다. 의류 살균제에 흔히 쓰이는 장뇌*는 승화성을 가지고 있는데, 고체인 장뇌가 상온에서도 기화해 없어지는 이미지를 떠올리면 알기 쉽습니다. 용암도 녹아내리는 고온이 되면 금세 기화해 비평형 상태가 되기 때문에 셀렌화아연과 질화갈륨은 둘 다 자연계에서는 만들어질 수 없는 물질입니다. 인공적으로 만들어 내야 하는 물질입니다.

셀렌화아연과 질화갈륨 중 어느 소재를 택해야 할까. 그리고 액상 에피택시얼 성장법을 대신할 방법을 찾는 것, 그것이 문제였습니다. 먼저 방법을 정해버렸습니다. 액상 에피택시얼 성장법 말고 청색 LED 실현 가능성이 있는 방법은 역시 두 가지. MBE와 MOCVD였습니다.

분자선 결정성장 시스템Molecular Beam Epitaxy: MBE는 고온에서 가열하는 게 아니라 물질에 분자선을 조사해 성장시키는

* 편집자 주: 녹나무를 증류해서 얻은 특유한 향기가 있는 화합물

방법으로 다른 물질끼리 균일하게 겹치게 할 수 있습니다. 데이터를 연구하기 위해 소량의 물질을 사용하기 때문에 주로 대학에서 흔히 쓰입니다. 기업처럼 대량생산 하는 곳에서는 적합하지 않은 기술입니다.

한편 MOCVD는 유기 금속 화학 증착법Metal Organic Chemical Vapor Depositon라 하는데, 고온으로 달군 기판에 가스 상태로 기화시킨 물질을 분사해 증착시켜 성장시키는 방법입니다. 이 방법은 고품질 결정박막 성장이 가능해 대량생산에 알맞습니다.

물론 저는 고민하지 않고 MOCVD를 선택했습니다. 먼저 이 MOCVD 기술을 내 것으로 확실히 습득해야 합니다. 셀렌화아연과 질화갈륨 중 어느 소재를 연구 대상으로 할지는 나중에 정해도 늦지 않을 거라고 생각했습니다.

과학계는 매일매일 빠르게 진보합니다. 20세기 안에 불가능하다고 했던 청색 LED도 언제 다른 연구자가 개발해 실용화될지는 아무도 모릅니다. 그런 초조함은 있었습니다. 그러나 확실히 단계를 밟아 철저한 준비를 하지 않고 도전했다간 앞으로 나아갈 수 없을 것입니다.

I 미국 플로리다로 단기유학

반도체뿐만 아니라 첨단기술로 세계를 끌고 가고 있는 나라는 그

때나 지금이나 미국입니다. 저는 MOCVD를 공부하기 위해 미국 대학으로 단기유학을 보내달라고 회사에 요구했습니다. 다행히도 이미 사장이 연구 추진 사인을 보낸 상태라서 상사의 방해도 회사의 불만도 없이 직행했습니다. 객원 연구원으로 간 곳은 MOCVD 기술로 유명한 플로리다 주립대학 공대. 기간은 1년. 왕복항공권, 현지 생활비 일체를 회사가 대 주었습니다. 물론 국내에도 MOCVD 노하우를 지닌 기업과 대학은 있었지만, 우리 회사는 무엇보다 비밀유지에 엄격했습니다. 공공연히 논문을 내거나 학회에 참석하는 등 드러내고 연구할 수 있는 분위기가 아니었습니다.

미국 대학이라 회사는 조금 눈감아주었습니다. 단, 표면상 연구는 갈륨비소를 이용한 적외선 LED 연구라고 가장하는 조건이었습니다.

객원 연구원이라 단순히 견학자 취급을 당했습니다. 물론 월급도 나오지 않습니다. 기술 습득을 위해 회사가 머리를 숙여 대학에서 받아들여 준 것입니다. 미국 대학은 개발도상국을 비롯해 전 세계에서 청년들이 유학을 옵니다. 당시 35세인 저는 그중에서 '아저씨' 급이었습니다.

학생 때 영어에 거부감은 크게 없었습니다. 암기과목과 문과과목을 싫어했지만, 영어는 비교적 잘했습니다. 물론 일본 대학생 레벨의 영어 수준입니다. 일상회화로 서로 의사소통을 자유자재로 할 수 있었던 건 아니었습니다. 더군다나 비행기를 한 번도 타본 적 없었습니다. 추락할지도 모른다는 공포가 있어서 도쿄로 출장 갈 때도 도쿠시마에서 페리를 타고 신칸센으로 갈아타서 갔습니다. 해외로 나간 것도 처음이었습니다. 영어가 안 통할지도 모른다는 불안감, 비행기를 타는 긴장감으로 초조할 수밖에 없었습니다. 그러나 그러한 비관적인 요소를 날려버릴 정도로 미국 선진 기술을 향한 동경이 있었습니다. 플로리다에 가기 직전 큰 꿈과 희망에 부풀어 있었습니다. 도쿠시마공항에서 하네다공항까지 태어나 처음으로 비행기를 탔습니다. 추락하지는 않을까 두근거렸습니다. 하네다에서 버스로 나리타공항으로. 델타항공 애틀랜타 직항편으로 한 번에 태평양을 건넜습니다. 해외공항에서 비행기를 갈아타는 것은 여행자들조차 어려워했습니다. 애틀랜타에서 플로리다 주립대학 공대가 있는 게인스빌까지 갈아타야 했던 저도 겨우 프로펠러 소형 비행기로 슬라이딩하듯 뛰어들었습니다. 디즈니월드로 유명한 올랜도에서 북서쪽으로 약 150km, 플로리다반도 거의 중앙에 있는 게인스빌은 작은 대학촌이었습니다.

플로리다라면 마이애미. 최근엔 부시와 고어의 대통령 선거 때 몇 번이나 재판이 열렸던 주도 탤러해시를 기억하시는 분도 많을 줄 압니다. 그러나 게인스빌 주변은 악어와 모기가 득실득실한 습지대입니다. 남부 시골에는 아프리카계 미국인에 대한 인종차별도 아직 강하게 남아 있었습니다.

"좋다. MOCVD 기술을 완벽히 습득해 돌아가자"

플로리다 주립대학에 도착했을 때 이렇게 기대에 부풀어 있었지만, 그 마음도 점점 시들해져 갔습니다. MOCVD와 관련한 중요한 공부는 거의 할 수 없었기 때문입니다. 처음에는 MOCVD 장치가 3대 있다고 듣고 왔는데, 와보니 그 장치는 전부 다른 교수가 사용하고 있었습니다. 한 대 더 있긴 하다며 창고에서 꺼내 준 장치는 전부 분해되어 있었습니다. 이 상태로는 도저히 아무것도 할 수 없는 장치였습니다. 그것을 조립해 실제로 쓸 수 있게끔 수리하는데 약 9개월. 유학 기간 1년간 중 대부분 시간을 배관 작업과 용접 작업에 허비해 버렸습니다. 그것은 니치아화학에서 10년간 허비했던 같은 작업이었습니다. 여기까지 와서 웬 삽질! 저는 너무 괴로웠습니다. 그 실망감이라는 불에 기름을 부은 건 대학교원들과 같은 실험실에서 공부하고 있던 연구자들의 태도였습니다.

같은 MOCVD 연구실에는 한국과 중국에서 유학 온 젊은 연구자들이 6명 있었습니다. 모두 박사들이었습니다. 객원 연구원으로 단기유학을 희망했을 때 저는 지금까지 연구해 온 내용을 상세하게 써서 대학에 미리 보냈었습니다. 미리 그것을 읽었던 플로리다 대학 연구자들은 처음엔 저를 대등하거나 자신보다 위의 레벨로 상대해주었습니다. 모르는 게 있으면 가르쳐줄지도 모른다고 존경해주기까지 했습니다.

그러나 제가 석사밖에 못 나온 것과 지금까지 거의 논문을 내지 못한 것이 알려지자 손바닥 뒤집듯 태도가 바뀌었습니다. 박사학위를 받은 사람은 보통 기업에서 매니저급 사원일 것입니다. 그와 비교해 저는 평사원. 아마 그들은 저를 연구자도 뭣도 아닌,

니치아화학이라는 일본기업에서 온 그저 그런 기술자, 직원이라 생각했을지 모릅니다. 논문이 없는 것도 영향이 컸을 것입니다. 연구자 세계에서는 논문이 명함을 대신합니다. 아무리 석사라도 높은 급의 논문을 많이 발표했었다면 나름대로 높은 평가를 받았을지 모릅니다. 자기소개에 올릴만한 논문이 없는 저는 아무 연구도 하지 않았다고 비난해도 아무 대답할 수 없는 처지였습니다. 점점 주위 분위기가 바뀌는 걸 느꼈습니다. 뭔가를 부탁해도 건성으로 대했습니다. 심할 때는 무시당하기도 했습니다. 완전 바보 취급당하는 기분이었습니다.

하지만 그들의 기술적 레벨, 지적 레벨은 전혀 대단한 게 없었습니다. 실험장치의 배관 누수를 수리하는 건 물론 점검하는 것도 못 합니다. 전기로가 없으면 만들면 되는데 그것도 못 합니다. 물론 경험 차는 있겠죠. 그러나 기초적인 걸 배우지 않은 채, 먼 미국 땅까지 유학 온 박사들이 대부분이었습니다.

아주 간단한 실험에 실패해 '안 된다, 안 돼'라며 소란을 피웁니다. '진짜 이놈들 바보 아니야?' 제가 보기에 그들 레벨은 어린아이 정도 될까 싶습니다. 실제로 유학 중 계속 그들에게 뭔가를 가르쳐주거나 실험 장치를 만들어주거나 했습니다. 그러자 다음부턴 가르쳐달라고 찾아오기 시작했습니다. 그러나 여전히 오만한 태도였습니다. 완전히 자기가 위라고 생각하는 듯했습니다. 저는 누구한테 지는 걸 싫어해 무시당하면 몹시 화가 납니다. '제기랄! 이 정도밖에 안 되는 놈들한테 지면 성을 간다' 그때에도 이런 투쟁의식이 부글부글 끓어올랐습니다.

좌우간 어릴 적부터 지고는 못사는 성질이었습니다. 이처럼 강한 성격이 자라난 것은 가혹할 정도로 심했던 형제간 싸움에서부터 시작되었습니다. 저는 4형제 중 위에서 3번째. 4살 위인 누나 '미치코', 2살 위인 형 '야스노리', 그리고 연년생 동생인 '요시노리'. 즉 가장 위에 누나가 있었지만, 남자 형제 중에서는 중간에 있었습니다. 누나는 참 착해서 동생들을 차별 없이 골고루 귀여워해 주었습니다.

문제는 형님이었습니다. 저도 성격이 좋은 편이지만, 중학교 때 배구부 주장을 했던 형은 키가 무척 컸습니다. 그 형과 집에서 싸움뿐이었는데, 저는 항상 지기만 했습니다. 질릴 정도로 싸워도 멈추지 않고 또 대형 싸움을 벌였습니다. 체력적으로는 졌을지 모르지만, 악바리 정신은 절대 봐주지 않았습니다. 서로 양보하지 않는 성격도 한몫했습니다. 막내 바로 위인 저는 적어도 나도 형님이라는 입장이었습니다. 그래서 계속 싸움은 멈출 줄 몰랐습니다. 물론 싸움의 원인은 전부 별것 아닌 일들이었습니다. 과자 쟁탈전이나 TV 채널 싸움, 특히 매번 밥 먹을 때는 거의 전쟁상태로 돌입합니다. 남자 형제 3명이 서로 많이 반찬을 가져가려는 생존 경쟁이었습니다. 네 것이 크네, 내가 집으려고 했네, 큰 소란이 일어납니다. 매일 치고받고 싸웠습니다. 아버지는 세 명 다 나가라며 고함을 치고, 늦은 밤 아버지가 잘 때 어머니가 문을 열고 들여보내 줄 때까지 웅크리고 앉아있었습니다. 형님과는 항상 의견이 맞지 않아 지금도 가끔 만나면 싸움으로 발전하기도 합니다. 그래도 코피 터질 정도의 싸움은 제가 고등학교 1학년 때 한 것이 마지막이었습니다.

어쨌거나 적응할 수 없었던 미국 생활, 니치아화학에서 지난 10년간 해왔던 삽질을 여기서도 매일 실험 장치 만들기로 이어 갔습니다. 그런 환경 속에서 굴하지 않고 유학 생활을 지속할 수 있었던 것은 지고는 못사는 성격에서 싹튼 '깡다구 정신' 덕택입니다.

❙ 유학의 성과

플로리다주 게인스빌에서 월세 300달러 학생 전용 아파트에서 살았습니다. 집에서 밥을 하는 생활은 고역이어서 매일 밖에서 사 먹었습니다. 다행히도 비교적 입에 맞는 차이니즈 레스토랑이 있어 좋았습니다. 케이준 음식이라는 미국 남부요리는 아무래도 도저히 먹을 수 없었습니다.

당시, 시즈오카 대학 조교수였던 하야카와 교수님도 근처 아파트에 살고 있었습니다. 아주 친절하신 분으로 같이 바다낚시를 하러 가기도 했습니다. 집에서 밥도 자주 지어 먹는 성실한 성격이라 밥 먹으러 집으로 놀러 오라고 자주 연락이 왔습니다. 하야카와 교수님은 고국에 어린 딸이 있었습니다. 집에 놀러 가면 딸 얼굴을 보고 싶어 하는 쓸쓸한 표정이었습니다. 저도 집에 전화하면 막내가 아빠 보고 싶다며 울먹이니 그 심정을 잘 알고 있었습니다. 가족들이 여름 휴가로 이곳을 찾아왔을 때는 반가움에 울컥하기도 했습니다. 아내와 딸들과 함께 디즈니월드로 놀러 갔는데 그것이 남은 유학 생활을 보내는 데 큰 에너지원이 되어주었습니다.

1년이라는 짧은 유학 생활이었습니다. 그동안 물론 실망뿐만 아니라 성과도 몇 가지 있었습니다. 당시 플로리다 대학에는 한국인을 비롯해 아시아계 유학생들이 아주 많았습니다. MOCVD 연구실 교수님도 인도 사람. 백인 학생과 교수들도 있기는 했지만, 거의 보지를 못 했습니다. 그래서 손짓 발짓까지 동원하는 제 실력으로도 의사소통에는 문제가 없었습니다. 그러나 처음엔 너무 외국인이 많아서 대체 어느 나라 대학인지 놀랄 수밖에 없었습니다.

"지금은 확실히 한국인이 많지만, 20년 전에는 일본인이 지금 한국인 수만큼 있었어"

어느 날 백인 친구가 이렇게 말해주어 여기 상황을 이해할 수 있었습니다. 일본인은 미국에서 기술과 학문을 배워 졸업해서 돌아갔고 지금은 한국인과 중국인 차례인 셈입니다. 이런 생각을 하니 정말 미국이란 나라가 얼마나 그 품이 넓은지 실감이 됐습니다. 전 세계 청년들이 이렇게 배움을 구하고자 미국에 와 있는 겁니다. 하고자 하는 열의가 있는 사람에게는 아낌없이 지식을 나눠주는 미국. 그와 비교해 일본이란 나라는 얼마나 폐쇄적인가! 처음 가본 해외 유학으로 미국과 그 나라의 자유로운 발상법, 그리고 대지 많은 넓은 인간성, 기회균등인 경쟁 사회라는 풍토를 체감할 수 있었습니다.

물론 연구도 성과가 있었습니다. MOCVD 장치를 만들던 중, 할 수 없이 메인 연구는 액상 에피택시얼 성장법으로 정했습니다. 그것을 논문으로 정리할 수 있었습니다. 대학원 졸업 이후, 거의 처음 써본 논문이었습니다. 회사가 그토록 반대했던 학회 출석도 경험했습니다. 물론 참가만 하고 발표는 안 했습니다. 청색 LED를 만들기 위해 셀렌화아연과 질화갈륨 중 어느 걸 쓰면 좋을지 되도록 다양한 지식을 얻고 싶었습니다.

그런 나날을 보내며, 미국에 와서 9개월이 지날 무렵이었습니다. 겨우 MOCVD 장치를 완성했던 것입니다. 갈륨 인과 갈륨비소로 실험해보니, 실리콘 기반 위에 결정박막이 성장하는 걸 두 눈으로 확실히 확인할 수 있었습니다. 나중에 생각해보니, 혼자서 고생해 장치를 실제로 만들어 본 그 경험이 청색 LED 개발에 굉장한 도움이 되었습니다. 그러나 이미 귀국을 목전에 둔 상태였습니다. 결국, MOCVD 방식으로 진행했던 실험은 10번 정도로 그쳤습니다. 그리고 논문도 다 끝내지 못했습니다. 제 미국유학은 마지막 날까지 부산하게 이리저리 뛰어다니다가 끝났습니다.

I 어느 걸 택할지 그게 문제로다

미국 유학에서 MOCVD 기술을 어느 정도 습득한 저는 귀국 후, 본격적으로 청색 LED 개발에 착수했습니다. 그러나 그 전에 아직 끝나지 않은 문제가 남아있었습니다. LED를 푸르게 밝히는 칩의 재료로 뭘 쓸지 결단해야 했습니다.

셀렌화아연 또는 질화갈륨. 둘 다 MOCVD로 취급할 수 있는 물질이었습니다. 운명의 큰 갈림길이었습니다. 무엇이 더 확률이 높을지는 50 대 50이 아니었습니다. 학회 의견이 무 자른 듯 딱 반으로 나뉜 것도 아니었습니다. 셀렌화아연에 압도적인 이점이 있었습니다. 제가 미국에 가기 전부터 실현성이 높은 것은 셀렌화아연이라는 게 학계 상식이었습니다. 당시, 전 세계에서 청색 LED를 연구하고 있던 연구자들은 거의 셀렌화아연을 선택하고 있었습니다. 실제로 얼마만큼의 연구자들인지는 확실하게 알 수 없지만 99 대 1 이하 비율인 것만은 틀림없습니다. 어떤 논문을 읽어도 질화갈륨으로는 어렵다는 얘기뿐이었습니다. 왜 이렇게까지 질화갈륨의 인기가 없었는가 하면 바로 기반이 되는 물질이 없기 때문입니다.

LED에 쓰이는 칩을 만들기 위해서는 기반 위에 소재가 되는 물질의 결정박막을 성장시켜야 합니다. 부드럽고 균일한 결정을 성장시키기 위해서는 기반과 그 물질 원자 간격, 결정격자의 형상이 비슷하면 비슷할수록 좋습니다. 당시 논문에서는 원자 간격의 차가 0.01% 이하가 이상적이라는 의견이 많았습니다. 완전히 똑같은 물질을 기반으로 하면, 원자 간격이 같기 때문에 가장 깨끗한 결정격자를 만들 수 있습니다. 탁구공 위에 같은 크기의 탁구공을 올리는 것처럼 울퉁불퉁하거나 구멍이 없는 깨끗한 결정격자의 박막이 됩니다. 그러나 동일 물질로는 융점도 같기 때문에 고온으로 가열하면 둘 다 녹아 버립니다. 그러면 결정은 성장치 못합니다.

셀렌화아연의 경우, 원자 간격이 완전히 일치하는 물질이 있었습니다. 바로 갈륨비소입니다. 갈륨비소를 기반으로 쓰면 셀렌화아연의 깨끗한 결정박막을 성장시킬 수 있습니다. 그러나 질화갈륨에는 기반으로 쓸 수 있는 원자 간격이 같은 물질이 없습니다. 1960년대부터 전 세계의 과학자들이 찾았지만, 결국 찾을 수 없었습니다. 질화갈륨 그 자체로 기반을 만드는 것도 아직 실현되지 못했습니다. 지금도 여전히 많은 연구자가 밤낮으로 연구 중인 과제입니다.

물론 자연계에는 다양한 물질이 있기 때문에 단순히 원자 간격과 결정격자 형상만을 보면 그중에서 질화갈륨과 같은 것이 있기는 합니다. 그러나 질화갈륨을 취급하는 고온1,500~1,600도에서 분해되거나, MOCVD에서 쓰는 부식성이 강한 암모니아 가스를 견딜 수 없거나 하는 이유로 딱 맞는 물질이 없었습니다. 따라서 되도록 원자 간격이 비슷하며 내구성 있는 물질을 쓰게 됩니다. 가장 적합한 물질이 실리콘 카바이드지만, 원자 간격의 차가 5%나 됩니다. 다음으로 가까운 것이 사파이어. 그러나 사파이어는 차이가 15%나 됩니다. 0.01%가 이상적이기 때문에 5%나 15%나 그 차이는 별반 다를 것 없었습니다. 예를 들어 야구공이나 골프공 위에 탁구공을 놓았다 생각해보세요. 실리콘 카바이드나 사파이어나 쓸모없기는 매한가지였습니다.

원자 간격이 다른 물질 위에 만약에 박막이 생겼다 쳐도, 그 결정은 울퉁불퉁하고 구멍투성이가 될 것입니다. 균일하게 합체되지 못하고 벌렁벌렁한 상태입니다. 이 구멍을 결정결함또는 격자결함이라 합니다. 결함이 많은 박막을 LED로 채택해도 전혀 빛나지 않습니다. 만약 질화갈륨으로 박막을 만들었다 해봅시다. 실제로 측정 장치에 넣어 그 박막의 결정결함을 세어보면 질화갈륨이 얼마나 불가능한지 깨닫게 됩니다.

일반적으로 LED나 반도체 레이저에서는 결정결함이 1cm^2 당 10의 3승10^3개, 즉 천 개 이하가 되지 않으면 빛을 발하지 못한다는 게 상식입니다. 그 이상의 결함이 있다면 전자의 이동 에너지가 빛이 아닌 열로 변환되어 박막 구조를 파괴해버리기 때문입니다. 구조가 파괴되면 장시간 빛을 낼 수 없으며 금방 열화劣化*됩니다. 그러니 단명하는 LED밖에 되지 않는 것입니다.

갈륨비소를 기반으로 쓴 셀렌화아연은 당시 결정결함을 10의 3승10^3개 이하로 하는 게 손쉽게 가능했습니다. 그러나 실리콘카바이드를 기반으로 해서 질화갈륨의 결정박막을 제작했을 때, 결정결함 수는 무려 10의 10승10^{10} 개, 즉 100억 개라는 결함투성이 결정밖에 만들 수 없었습니다. 수명이나 신뢰성 이전의 문제였습니다.

이전 갈륨비소를 사용한 적색 LED 등에서 10의 4승10^4개 있었

* 시간이 지남에 따라 품질·성능이 떨어지는 것

던 결정결함을 한 자릿수 낮춰 10의 3승10^3개로 발전시키는 데 몇 년이 걸렸습니다. 그래도 아직 많아, 10의 2승10^2개로 하는데 또 몇 년이 필요했습니다. 즉, 두 자릿수 내려 1만개에서 100개로 줄이는데 10년 정도 걸린 셈입니다. 10의 10승10^{10}개를 일곱 자릿수 내려, 100억 개를 천 개로 한다는 것은 생각만으로 자포자기할 마음이 들 정도입니다.

전 세계 연구자들이 질화갈륨을 버리고 셀렌화아연으로 돌아선 것도 무리는 아닐 것입니다.

❙ 아무도 못한 무모한 결단

그러나 저는 오히려 가능성이 낮은 쪽을 선택했습니다. 질화갈륨입니다. 지금 와서 생각해보니, 미국에 가기 전부터 '역시 질화갈륨이지' 라며 되뇌었던 것이 희미하게 납니다. 그리고 귀국하기 직전에는 '이제 질화갈륨을 시작하자' 라고 결단했었습니다. 미국에서 참석한 어떤 학회에서도 가능성이 있는 건 셀렌화아연이라고 우수한 연구자들이 발언한 것은 물론 연구 발표도 셀렌화아연을 취급한 내용이 대부분이었습니다. 질화갈륨을 언급하는 사람은 거의 없었습니다.

그런데 저는 청개구리처럼, 이 학회에서 '상식' 처럼 한쪽으로 쏠릴 때 오히려 질화갈륨을 하고 싶어졌습니다. 왜 질화갈륨이라 생각했을까! 육감이나 직감 같은 건 아니었습니다. 진짜 청개구리 정신으로 튀기 위해 한 것도 아닙니다.

니치아화학에 입사해 줄곧 다른 사람이 시키는 대로, 제 생각과 결정은 전혀 없이 일만 해왔습니다. 회사에 충성을 맹세하고 검은색도 흰색이라 말할 수 있는 충성심으로 일했습니다. 마치 에도시대 양반과 하인처럼 말입니다. 그러나 그렇게 노력했지만 배신당한 것입니다.

"이제 회사가 하는 말은 안 듣고, 뭐든지 내가 정할 거야"

이렇게 정했습니다. 상식은 의심하고, 다른 사람이 쓴 논문은 읽지 말자고 스스로 당부했습니다. '모든 사람이 가지 않았기 때문에, 거기에 가능성이 있다'라고 생각했습니다. 이미 수많은 연구자가 선점한 연구 분야 '셀렌화아연'에 후발주자인 제가 합류해도 따라잡지 못할 것입니다.

'경쟁 회사가 실현할 수 없는 완전히 독자적인 방법으로 제품화하지 않으면 안 돼' 이는 스스로 약속한 엄격한 룰이었습니다. 만약 대기업과 같은 방식으로 청색 LED 제품화에 성공했다 쳐도 니치아화학이라는 이름으로는 명함도 못 내밀 것이라는 게 불을 보듯 뻔했기 때문입니다. 이것이 입사해 10년 만에 깨달은 현실이었습니다. 그러나 아무도 연구하지 않는 질화갈륨에서 청색 LED 제품화에 만약 성공한다면 이것은 압도적인 이점이 될 것입니다. 완전히 독자적인 기술이기 때문에 압승이 확실합니다. 지금까지처럼 발목을 잡혀 부조리한 덤핑*에도 참고 견딘다거나 하

* 편집자 주: 채산이 맞지 않는 싼 가격으로 상품을 파는 일

지 않을 것이었습니다.

그때는 생각지 못했지만, 더 중요한 것이 있었습니다. 바로 니치아화학에는 반도체 지식을 가진 선배가 단 한 명도 없었다는 사실입니다. 만약 전문가가 있어 제가 질화갈륨 연구를 시작했다는 걸 알자마자 큰 문제가 될 게 뻔합니다. 당시 학회 상식으로 생각하면 당연히 셀렌화아연을 선택해야 하기 때문입니다. 결정결함 백억 개에서 천 개로 낮춰야 하는 싸움이니까요. 이론적으로 검토해도 객관적으로 판단해도 질화갈륨을 택하는 건 너무나 무모하고 황당한 '비상식적' 행동이었습니다. 만약 다른 기업과 대학 연구실에서 '질화갈륨을 하겠다'고 선언한 순간 그날부터 출입금지 당할 게 뻔합니다. 상사나 교수가 격분하며 바로 전출될 것입니다. 어느 기업이나 대학에서도 회의 중에 이런 이야기를 했다면 전원으로부터 맹렬한 반대에 부딪혔을 것입니다. 그런데 저는 계속 혼자서 연구 개발을 해왔습니다. 어떤 방법을 취할지 구체적으로 정하는 건 언제나 혼자였습니다. 이때 역시 혼자였기 때문에 이렇게 '비상식'적인 선택을 독단적으로 할 수 있었습니다.

회의란 전대미문의 연구라든지 획기적인 개발에는 전혀 무의미합니다. 의미가 없을 정도가 아니라 오히려 해를 끼칩니다. 왜냐면, 브레이크 스루break through란 '세상에 존재하는 상식을 깨부순다'는 의미이기 때문입니다. 일본 기업 대부분은 제조업이기 때문에 모두 이마를 맞대고 좋은 의견을 교환하며 제품을 개량해왔습니다. 제조업의 경우, 회의는 필요합니다. 그러나 이러한 회의에서는 상식적인 것 말고는 정할 수 없습니다. 비상식 속에서 브레이크 스루break through는 생겨납니다.

I 회사 명령을 모조리 무시

귀국한 뒤 저는 마치 다른 사람이 된 것처럼 회사 명령을 전부 무시했습니다. 상사의 명령도 듣지 않았습니다. 실험과 생각에 몰두했기 때문에 전화도 받지 않았습니다. 영업부서 심부름도 하지 않았습니다. 회의소집을 들어도 실험과 장치개조에 바빠 패스했습니다. 아무리 불러도 가지 않았습니다. 그렇게 인간관계가 좋았는데 야구도 술자리도 다 피했습니다. 미국유학 중에 논문 비슷한 걸 썼던 것도 학회에 참석한 것도, 회사의 감시가 없었기 때문이 아니었습니다. '폭발' 했던 제게 그런 회사의 규칙 따위는 아무 위협도 아니었기 때문입니다.

아무리 열심히 해도 승진도 안 돼, 월급도 오르지 않아! 출세나 승급은 회사가 정하는 것입니다. 불평해도 무의미합니다. 앞으론 회사가 하는 말은 무시하고 나 자신의 힘으로 할 수 있는 만큼 하리라 마음먹었습니다. 원래 그만둔다는 각오로 시작한 것이니 무서운 건 아무것도 없었습니다. 회사로서도 회의에 출석하지 않았다고 자르지는 못할 게 뻔하니까요.

이렇게 안하무인으로 행동할 수 있었던 것도 니치아화학이라는 특수한 회사 덕분입니다. 인사평가 기준이 엉망진창이어서 회사는 정해진 규정이 없었습니다. 정문에는 경비실이 있었지만, 그곳에 경비 아저씨가 있었던 걸 본 적이 없습니다. 그 주제에 논문발표나 특허신청을 금지하는 등 비밀유지에는 신경질적이라는 게 말도 안 되는 얘기입니다. 좌우간 일관된 시스템, 정해진 규정이 없었습니다.

사원이 농사일로 지각해도 아무도 불평하지 않았습니다. 먼저 출근 카드조차 없는데 무슨 말이 필요합니까. 부장과 과장 등 중간 관리직에 권한이 거의 없기 때문에 농땡이 치고 싶은 직원은 제멋대로입니다. 농땡이 쳐도 아무도 혼내지 않기 때문입니다. 합리적인 체크 기능도 없었고 나태한 부하를 상부에 보고해도 제 감독 책임을 추궁당할 뿐이었습니다.

I 대학 시절에도 지금처럼 '폭발' 했다

10년간의 회사원 생활을 돌아보니, 눈이 뒤집혀 '폭발' 했던 일이 떠올랐습니다. 제가 이러한 정신 상태로 있었던 게 처음은 아니었습니다. 약 3년 주기로 죽기 살기로 돌진하기 때문에 인격이나 생활까지 180도 바뀌는 일이 과거에도 있었습니다.

고등학교 때까지 저는 착하고 얌전한 이른바 우등생이었습니다. 공부를 잘했다는 의미가 아닙니다. 누구와도 거리낌 없이 친하게 지내며 공부와 운동 모두 열심이었습니다. 그리고 부모님과 선생님께 반항한 적 한번 없이 자랐습니다. 좋게 말해 순종적이고 세상 물정 모르는 시골 소년이지만, 단순 무식했습니다.

암기과목과 문과과목은 자신이 없었는데, 중학교 담임선생님이 모든 과목을 골고루 해야 훌륭한 어른이 된다는 말에 의문도 품었지만, 대개 묵묵히 공부했습니다.

'대학에 가면 좋아하는 학문을 얼마든지 할 수 있어. 수능시험이 끝나기까지 싫은 과목들도 참고 노력해'라며 고등학교 사회나 국어 선생님한테도 질타와 격려를 받았습니다. 이런 말이 있었기에, 대학에 진학하기 전까지만 참자며 그렇게 싫어했던 암기과목과 문과과목 공부도 필사적으로 할 수 있었습니다.

도쿠시마대학 공대에 들어갔을 때는 마치 봉사가 눈을 뜬 것 같은 기분이었습니다. 이걸로 좋아하는 수학이나 물리 공부를 얼마든지 할 수 있다는 희망에 차서 수업에 들어갔습니다. 그러나 현실은 전혀 달랐습니다. 당시 국립대학은 2년간 교양과정이라는 일반교양 과목수업이 있었습니다. 헌법이나 서양사 등, 제가 그토록 싫어했던 사회과학계 과목이었습니다. 게다가 시험까지 있으니……. 그런데 공대 전자공학과라는 전공학문에 필요한 과목은 거의 없었습니다. 좋아하는 물리만 하고 싶어서 대학에 들어왔는데, 왜 그런 이상한 과목들까지 공부해야 하는지 전혀 이해가 안 갔습니다. 천국에서 지옥으로 떨어진 듯한 쇼크였습니다. 배신과 속임수에 속았다는 생각에 지금까지 18년간 살아왔던 시간이 허무해져 한숨만 나왔습니다.

반면에, '내가 왜 이런 곳에 있을까'라는 자각을 하기 시작했습니다. 선생님들의 조언은 거짓말뿐이었습니다. 수능 시험에 대한 분노도 있었습니다. 시키는 걸 그대로 믿었던 자신이 바보처럼 느껴졌습니다. 그때 분노가 폭발했습니다. 일주일 만에 대학을 안 갔습니다. 하숙집에 틀어박혀 좋아하는 책만 잡고 뒹구는 나날이었습니다. 물리학은 물론 수학이나 철학책을 마구잡이로 읽었습니다. 번역서로는 모자라 원서까지 사들여 원래의 뜻을 알고자 했습니다. 그 반년이 저게 주었던 영향은 굉장했습니다. 특히 수능 시험이라는 교육제도에 대해 그 정체를 파해 칠 수 있었습니다.

일본의 교육은 공산주의 사회의 그것과 거의 같은 종류의 세뇌 시스템입니다. 이러한 세뇌 교육으로 사회나 상사의 명령에 불만 없이 따르기만 하는 셀러리맨을 찍어냅니다.

저조차 학교 선생님과 사회적 '상식'이란 것에 지금까지 속아 왔습니다.

'선생님이 말하는 걸 잘 듣고 공부하면 좋은 대학에 들어갈 수 있고 그 후엔 사회로 나와 행복해진다'는 거짓말을 철석같이 믿고 있었습니다. 그러나 한번 의심을 하면 나머진 전부 거짓말처럼 들립니다. 그래서 앞으로는 내 생각만 믿고 내가 좋아하는 걸 마음대로 하며 살 거라 마음먹었습니다.

그때 태어나 처음으로 자아에 눈을 떴습니다. 더구나 과학적인 발상의 기본 중 하나가 '의심하는 것'입니다. 자아에 눈뜬 것과 같이 모든 사실을 의심하고 자신의 눈으로 보고 확인한 것만 믿는다는 게 얼마나 중요한지 깨달았습니다. 그 이후, 시간이 정말 아깝다는 생각을 했습니다. 대학 수능시험 때문에 쓸데없이 소비한 중학교, 고등학교 6년은 이미 포기한다고 쳐도 앞으로는 자기 인생을 스스로 생각하며 보내지 않으면 큰일 날 것 같았습니다.

다시 태어난 저였기에, 친구들과 어울리는 것도 다시 생각해야겠다고 느꼈습니다. '친구를 소중히 여기라'고 어릴 적부터 선생님들이 했던 말이 생각났습니다. 그것도 어느 정도 세뇌 교육이라 할 수 있을지 모릅니다.

고등학교 때 사이가 좋았던 친구 3명도 같은 도쿠시마 대학에 진학했습니다. 저는 세뇌 교육의 교묘한 수법을 눈치챘지만, 그들은 너무 천진난만했습니다. 여전히 바보같이 휩쓸리며 침착하지 못하고 소란스럽습니다. 이놈들과 같이 다닌다면 또 가랑비에 옷 젖는 듯 세뇌에 빠져들까 봐 초조해졌습니다. 대학을 가지 않고 집에 틀어박힌 지 1개월이 지났을 무렵, 제 하숙집에 자주 놀러 왔던 그 친구들에게 저는 드디어 '너희들, 이제 오지 마라! 방해만 된다'라며 절교 선언을 했습니다. 친구들은 어이없어했지만, 그 뒤 완전히 고독한 혼자만의 생활이었습니다.

원래부터 생각하는 걸 제일 좋아했기 때문에 그때도 하숙집에 뒹굴며 생각에 잠겼습니다. 생각하는 도중에 책을 읽습니다. 몸이 쳐지면 요시노강 제방을 뛰고 목욕탕에 가서 몸을 담근 후 밥을 먹었습니다. 그리고 또 생각에 잠기는 생활의 연속이었습니다.

책은 처음엔 좋아하는 물리학 관련 도서만 읽었습니다.

물리학을 파고드니 나중엔 철학적인 문제에 부딪혔습니다.

그래서 철학책에 손을 댔습니다. 그런데 철학책은 이것도 저것도 당연한 말만 쓰여 있었습니다. 솔직히 시시하다는 느낌뿐이었습니다.

내가 아닌 누구나 생각할 수 있는 것들만 쓰여 있어서 책을 통해 깨달음을 얻은 건 하나도 없었습니다.

당시 저는 모든 것에 이상하리만치 '반항적'이어서 그렇게 생각했을 법도 합니다. 그래서 다시 물리와 수학책에 손을 뻗쳤습니다. 양자역학이라는 이론물리학의 권위자 도모나가 신이치로의 책은 굉장히 알기 쉬웠습니다. 노벨 물리학상을 받았을 정도로 이해력이 높은 분이기 때문에 당연히 스스로 이해한 것을 알기 쉽게 저술했던 것입니다. **그 이론을 발견한 본인, 실험했던 당사자가 쓴 책이 가장 알기 쉬운 책이었습니다.** 그런 책 대부분이 유럽 연구자들 책이었기 때문에 그다음으로는 번역서에 손을 댔습니다. 그러나 번역서는 아무래도 막히는 부분이 나옵니다. 그 이론이나 학설을 거의 이해한 사람이 번역한 게 아니라서 모르는 부분은 생략하거나 했기 때문에 그럴 것입니다. 결국, 종착점은 원서였습니다. 원서는 당시 저처럼 영어를 못하는 이과생도 알 수 있게끔 쉽게 풀어서 쓰여 있었습니다. 내용을 전부 알고 있는 사람이 독자들이 쉽게 읽을 수 있게끔 기술하였으니 그 두께는 정말 베개를 대신 베고 잘 수 있을 정도로 두꺼웠습니다. 영어가 안 되니 읽는 속도도 너무 느려 다 읽고 나면 기진맥진 되었습니다.

책을 읽고 생각하며 완전히 독학으로 공부하며 느꼈습니다. 역시 혼자서 하는 데엔 한계가 있다는 걸. 좋은 책을 아무리 읽어도 번역문제뿐만 아니라 모르는 부분이 안 나올 수 없습니다. 머리가 안 따라주는 저를 책망하기도 하면서 '역시 도쿠시마 같은 시골대학에서는 무리'라는 생각에 허탈감이 들었습니다. '도쿄대학이나 교토대학처럼 훌륭한 교수님 밑에서 배우면 제대로 배울 수 있을 텐데' 하는 후회막급이었습니다.

장학금을 받긴 했지만, 과외 아르바이트도 했습니다. 그러나 그것도 귀찮아져서 금방 그만뒀습니다. 학비를 내주시는 부모님을 생각해서라도 이런 히키코모리 생활을 언제까지나 할 수는 없었습니다. 아버지는 전력회사의 평범한 샐러리맨이었기 때문에, 자녀들 뒷바라지에 어머니까지 일당을 뛰며 아들 3명을 대학까지 보내주셨습니다. 반년 뒤, 어쩔 수 없이 1학기 시험은 치러야 해서 다시 학교로 갔습니다. 당연히 과목 대부분을 재수강해야 했습니다. 낙제 바로 위였습니다. 그때는 좋아하는 학문도 제대로 배울 수 없는 이런 쓸모없는 대학 따위 빨리 졸업하자는 마음뿐이었습니다. 부모님들도 빨리 졸업해 자립하라고 말하기 시작했습니다. 대학에 다시 나오기 시작한 건 좋은 현상이지만, 너무나 싫어하는 교양과정이 있었습니다. 졸업하기 위해서는 학점을 따지 않으면 안 됩니다. 괴로운 암기과목을 극복하기 위해 여러 가지 시도를 해보았습니다. 몇 번이나 반복해서 읽거나, 쓰거나 해서 외우면 이상하게 술술 머릿속에 들어왔습니다. 암기하는데 기술이 필요했습니다. 저는 대학에 들어와 처음으로 암기기술을 알게 됐습니다. 이렇게 간단한 걸 왜 이제 알아챘을까 하고 지금 와서 발을 동동 굴려도 소 잃고 외양간 고치기입니다.

그 뒤 전공과목으로 가서도 도쿠시마 대학은 악명 높은 '낙제대학'임을 실감했습니다. 도쿄대와 함께 전국 국립대학 중에서 낙제하는 학생이 많을 것으로 유명했습니다. 저는 하지 않았지만, 학생 대부분이 컨닝까지 하며 겨우 학점을 취득했을 정도였습니다. 시험내용도 거의 암기. 전혀 도움 되지 않는 지식뿐이었습니다. 어쨌거나 빨리 사회로 나가서 스스로 돈을 벌고 싶다는 소망으로 필사적으로 공부했습니다. 착실히 수업에 나가서 싫어했던 암기과목도 그럭저럭 해치웠습니다. 3학년 때 수강했던 고체물성 강의를 만나 학문의 즐거움에 눈뜨기 전까지 그저 그런 나날의 연속이었습니다.

I 장치를 스스로 개조

니치아화학에서 '폭발'했던 때로 돌아옵시다. 미국 유학에서 귀국해 회사로 돌아와 잠시 지나니 플로리다에서 발주해놓은 MOCVD 장치가 개발과에 도착했습니다. 시중에 있는 원플로우 MOCVD 장치로 높이는 약 2m, 가로 폭은 약 4m, 세로 폭은 약 1m인 거대한 물건이었습니다. 원래 적외선 LED용 화합물 반도체를 만들기 위한 장치를 주문했었습니다. 어디에서 주문했는지는 비밀로 했습니다. 제가 쓴 발주서에도 '목적은 적외선용 갈륨비소를 성장시키기 위해'라고 거짓말로 썼습니다. 장치 가격은 약 2억 엔. 니치아화학 반도체 부문에서는 전대미문 대규모 설비투자였습니다. 연구비는 이미 확보해 놓았습니다. '사장 명령'이라는 한마디면 누구도 반항하지 않았습니다. 제가 귀국한 1989년 3월, 오가와 노부오 씨는 이미 회장에서 물러나 전무였던 사위 오가와 에이지 씨가 사장으로 취임해 있었습니다.

MOCVD 장치는 외형적으로는 큰 장치이지만 실제로 가동하는 부분은 그 3분의 1 이하였습니다. 안을 열면 가스가 통과하는 여러 굵은 파이프들이 복잡하게 배관하여 중앙부에는 높이 2m 정도의 스테인리스제 밀폐 용기로 된 반응 장치가 있었습니다. 반응장치 안에는 기반이 되는 물질을 놓는 지름 약 5cm 받침대가 있고, 밑에서 히터로 가열할 수 있게 되어 있었습니다. 이 거대한 장치에서 가장 중요한 것이 이 기반약 5cm을 설치하는 부분이었습니다.

그 대각선 옆으로 석영관 파이프가 한 개 돌출되어 있었습니다. 가스 분출구입니다. '원플로우'라는 것은 이 분출구가 하나라는 의미입니다. 제가 제작하고 싶은 질화갈륨의 경우, 이 파이프에서 분출시키는 것이 암모니아 가스. 암모니아는 질소와 수소의 화합물입니다. 동시에 트리메틸갈륨이라는 유기금속을 수소가스로 섞어주면 암모니아 속 질소와 갈륨이 약 1,000℃로 가열된 기반 위에 반응해, 성공할 경우 질화갈륨의 결정박막이 성장하는 구조입니다.

기반으로는 사파이어를 사용했습니다. 실리콘 카바이드도 원자 간격은 비슷했지만, 사파이어를 써서 일본 최초로 질화갈륨의 결정박막을 만드는 데 성공한 아카사키 이사무 교수님메이조우 대학 성과를 당면 목표로 설정했기 때문입니다. 바로 장치를 설정하고 조정해 질화갈륨의 결정박막을 만들어 봤습니다. 물론 실패했습니다. 약 3개월간, 이리저리 시도해보았지만, 그 장치의 조정 범위 내로 설정해 봐도 불가능했습니다.

당연합니다. 시중에 판매 중인 기성 장치로 쉽게 성공한다면 개나 소나 다 과학자가 될 것입니다. 문제가 무언지는 명백했습니다. 기반 온도를 올리는 법, 가스 분사 법의 개선이 그것이었습니다. 그러나 기반을 가열하는 히터가 암모니아 가스로 부식되어 정말 자주 끊어졌습니다. 반응장치 내의 배관도 제 방식대로 세팅하기 위해서는 다시 처음부터 새로 만들 필요가 있었습니다. 원래부터 질화갈륨을 만들기 위한 장치가 아니기 때문입니다.

역시 장치를 전부 개조하지 않으면 무리라 판단해 저는 다시 실험장치 제작 장인으로 변신해야 했습니다. 안에 있는 부품들을 전부 꺼내 장치를 처음부터 다시 조립했습니다. 아침 7시에 출근해 먼저 진공용기로 되어있는 반응장치를 엽니다. 안에서 투명 석영과 고순도 카본과 같은 부품을 꺼내어 전날 밤부터 계속 생각했던 아이디어로 실제로 개조해보는 일이었습니다. 스테인리스 파이프를 구부려 석영관을 용접하고 고순도 카본을 잘라 배선을 다시 깝니다. 히터를 직접 설계해 자작하여 가스가 분출되는 노즐형상과 배관의 방법, 배관 곡면, 높이, 각도 등을 바꿔봅니다.

지금까지 10년간 축적해 온 삽질 기술이 이러한 작업에 다시 도움이 되었습니다. 아마 대기업 반도체 메이커 연구자들은 장치 개조와 같은 작업 등은 외주로 맡길 게 뻔합니다. 스스로 손발을 움직여 제작할 수 있는 연구자는 거의 없기 때문입니다. 엘리트에 유능한 연구자일수록 그게 안 됩니다. 장치 개조를 외주로 맡기면 납기는 길면 반년, 빨라도 3개월은 걸립니다. 하나하나 아이디어를 시도해보는 데 3개월이나 기다려야 하는 속도로 연구개발을 진행하게 되는 셈입니다. 저는 이것이 하루나 이틀 주기입니다. 다시 생각해보면 이것은 압도적인 이점이었습니다. 대개 오전 중에 장치 개조가 끝내는데, 그때를 넘기면 불안해졌을 정도입니다. '오전 중 개조, 오후는 실험'이라 스스로 시간을 정해놓았기 때문입니다. 개조 작업이 오후로 넘어가면 전날 계획해두었던 아이디어를 실험할 수 없었습니다. 다른 연구자가 먼저 개발할 수 있다는 두려움보다 빨리 결과를 확인하고 싶어 어찌할 줄 몰라 하는 제 성격 탓이었습니다. 잔업으로 밤까지 하면 된다고 생각할 수 있겠지만 저는 가족과 보내며 조용히 생각할 수 있는 시간이 필요했습니다. 매일매일, 페이스를 지켜가며 연구를 지속하는 것이 무엇보다 중요했습니다. 무리해서 몸이 고장 나면 다음 스텝으로 나아가기는커녕 주저앉아야만 하기 때문입니다.

개조한 장치가 완성되자 용기에 뚜껑을 닫고 안을 진공상태로 하여 반응실험을 시작했습니다. 많을 때는 하루에 5번이나 반응시킨 적도 있습니다. 이렇게 많이 한 실험 횟수도 다른 연구자들이 도저히 따라올 수 없는 수준이었습니다. 기존 논문을 읽지 않겠다고 결심했지만, 실제로 24시간 개조 작업과 실험을 몸으로 하고 있었기 때문에 논문을 읽거나 자료를 찾아볼 수 있는 '한가한 시간'은 없었습니다. 그럴 시간이 있다면 생각을 하거나 아이디어를 좀 더 시도해보고 싶었습니다.

미국 유학에서 복귀한 시점이 1989년 3월. 4월부터 개발을 시작해 본격적인 장치 개조에 손을 댄 것이 7월경. 여느 때처럼 회사에 출근해 장치를 고치고 실험해 실패를 경험하고 집으로 돌아와 생각한 후 그 아이디어를 다음날 또 실험에 반영시키는 과정이 계속 이어졌습니다. 이렇게 실험과 실패를 1년 가까이 반복해 이듬해 2월, 저는 드디어 해결의 실마리를 발견할 수 있었습니다.

I 획기적인 아이디어 '투플로우 MOCVD'*

반응장치 안에 사파이어 기반은 약 1,000℃라는 고온으로 올라갑니다. 거기에 암모니아 가스와 수소로 섞은 갈륨을 분사해, 기반 위에 질화갈륨의 결정박막을 성장시키는 것이 목표. 그러나 아무리 노력해도 생각대로 되지 않았습니다. 고온이 된 기반에서 나온 열대류 때문에 가스가 위로 날아가 버려 증착이 안 되는 게 원인일 것입니다. 즉, 이 열대류를 어떻게 처리할지가 관건이

* 편집자 주: 유기금속화학증착장치

었습니다.

'상승하는 대류를 위에서 눌러주면 어떻게 될까?'

이때 이런 생각이 떠올랐습니다. 열대류 때문에 가스가 휘날리지 않게 하려고, 이 세상에서 생각할 수 있는 모든 방법을 시도해 보았습니다.

이 경우, 닥치는 대로 한쪽에서 하나씩 해보는 소거법이라는 방법은 택할 수 없었습니다. 경험에 의지해 어느 일정방향을 찾아가며 결과가 잘 나올듯한 방법으로 더듬더듬 짚어갔습니다. 사다리 게임처럼 순서대로 따라가면서 성공을 목표로 해가는 셈입니다. 그 결과 찾아낸 방법이 투플로우 방식이었습니다.

그것은 기반 위에서 질소와 수소가스를 강하게 분사하고, 옆에서는 재료가 되는 유기금속 갈륨과 암모니아 가스를 내뿜는 방법, 즉 분사구가 두 개라 해서 투플로우 방법이라 불렀습니다. 이 방법 덕분에 저는 질화갈륨의 결정박막을 만드는 데 겨우 성공했습니다.

제가 처음으로 만들었던 질화갈륨의 결정은 맨눈으로 볼 때 너무 아름다운 박막이었습니다. 기반이 되는 사파이어도 투명판, 질화갈륨의 결정도 투명이었습니다. 이 투명한 판을 높이 1m 정도 크기의 홀 측정기라는 측정장치에 넣고, 결정품질이 어떤지 조사해야 했습니다. 물론, 원자 간격이 크게 다른 사파이어 기반상에 생긴 질화갈륨 결정입니다. 측정하면 금방 알 수 있었습니다. 겉으론 투명하고 아름다운 판이었지만, 실제로는 너덜너덜해

도저히 쓸 수 없는 막이었습니다. 그러나 일단 결정박막 만들기에 성공하면 나머지는 성장 프로그램을 바꿔, 계속 개량해 나가기만 하면 되는 얘기였습니다.

단순히 말해 100억 개를 1,000개로 낮추는 작업입니다. 몇 년이 걸릴지 알 수 없었지만, 만약 결정결함 수치를 획기적으로 낮추는 방법을 찾을 수 있을지 모릅니다. 그것이 해결되면 나머진 간단합니다.

지금 돌아보면 청색 LED 연구에서 투플로우 MOCVD 장치를 개발한 것 자체가 가장 큰 혁신이었습니다. 왜냐면 이 장치가 생기고 나서 제가 회사를 그만둘 1999년까지 언제나 몇 개월 단위로 세계 최초, 세계 1위라는 발명과 기술발표를 달성했기 때문입니다.

투플로우 방식을 만든 저는 그 뒤 질화갈륨의 결정박막을 되도록 부드럽고 균일하게 하려고 장치를 개량해 시행착오를 반복했습니다. 결정품질을 계측하는 홀 측정기의 경우, 홀이동도라는 수치가 크면 클수록 결정결함은 적은 게 됩니다. 당시 세계 최고 기술은 90. 즉 측정 수치를 90 이하로 성공시키면 그것이 곧 세계 최초기술이 되는 셈이었습니다. 물론, 예를 들어 100이나 200이라는 막이 생겨도 결정결함은 아주 많아 도저히 LED로서 빛을 발하는 건 불가능할 게 뻔했습니다. 그때 저는 아직 그것이 질화갈륨의 한계라고 착각하고 있었습니다.

| 라이벌 난입

실험과 실패, 사색, 또 실험……이라는 나날이 약 1년 지속됐습니다. 그동안 저는 계속 회사 명령을 무시하고 귀찮은 인간관계를 피하게 되었습니다. 함께 고민해주는 동료도 없었습니다. 오히려 혼자인 편이 마음이 편했습니다. 스스로 생각하는 게 훨씬 빨리 문제를 해결할 수 있었습니다. 고독하기는 했지만 그만큼 신경 쓰이지는 않았습니다. 그러한 것들보다도 과연 언제쯤에야 결과가 나올지 그것만 집중했습니다. 실패에 기력이 없는 어느 날이었습니다. 아마 투플로우 MOCVD 장치가 완성되기 직전일 때입니다. 새로운 사장인 오가와 에이지 씨가 갑자기 실험실로 들어온 적이 있습니다. 옆에 누군가 같이 있었습니다. 웬걸, 그는 M사의 반도체 연구자가 아니겠습니까. M사는 제가 적외선 LED를 제조화했을 때 구매해주었던 거래처입니다. 사실 그 연구자도 당시 청색 LED 연구를 하고 있었습니다. 다시 말해 그는 라이벌이었습니다.

그런데 비밀이라며 제가 저지해도 사장은 괜찮다며 실험내용을 순서대로 보여 주었습니다. 전문가가 보면 제가 질화갈륨 연구를 하는 건 한눈에 알 수 있을 겁니다. 니치아화학에는 반도체 전문가가 없었지만, 그는 다릅니다. 아주 예전 가능성이 적다고 알려진 질화갈륨을 써서 청색 LED에 도전해 실패한 경험이 있는 연구자입니다. 질화갈륨 연구를 이미 오래전에 철수한 회사이기 때문에, 제가 하는 연구가 그 사람에게 들켜도 상관없습니다. 그러나 사장이 질화갈륨 분야는 가능성이 거의 없다는 진상을 알게 되면 앞으로 좀 귀찮아지지 않을까 걱정했던 게 사실입니다.

"나카무라 군, 뭐 그리 열심히 해?"

그 연구자가 갑자기 묻기에 적외선 LED라고 시치미를 떼자 '근데, 이거 MOCVD 장치잖아'라며 요점을 찔렀습니다. 필사적으로 무마시키려는 제 옆으로 사장이 다가와 전부 말해버렸습니다. 그러자 그 연구자가 사장에게 설명하길 '청색 LED를 만들려면 셀렌화아연밖에 없죠. 질화갈륨은 무리에요. 결정이 너덜너덜해지니까요'.

사장은 얼굴이 새빨개졌습니다. 가능성이 없는 질화갈륨 정체를 들켜버린 저도 제정신이 아니었습니다. 아마 그 뒤 '이런 무의미한 걸 하는 것보다, 제품화에 적합한 연구 테마가 많이 있다'는 따위의 말을 했던 걸로 기억합니다. 그 연구자가 돌아간 뒤 바로 '긴급, 질화갈륨 연구를 그만두고 헴트고전자 이동도 트랜지스터 개발로 전환해라'는 명령이 문서로 왔습니다. 덧붙여 말하자면 고순도 갈륨비소를 이용한 헴토는 휴대폰이나 내비게이션, 파라볼라 안테나 등에 쓰이는 고속에 잡음이 적은 트랜지스터입니다. 예전의 저였다면 사장 명령에 반항하는 행동은 안 했을 것입니다. 그러나 이미 각오를 품고 회사 명령은 전부 무시하겠다고 정했기 때문에, 지시 문서가 도착해도 던져버리고 완전히 무시했습니다. 그 이후 2개월 동안 개발과정 경유로 몇 번이나 문서가 도착했지만 계속 무시했습니다.

▎성공패턴 '고독과 집중'

상사와 전혀 말을 섞지도 않고 명령을 계속 무시하는 상황이 이어졌습니다. 동시에 실험결과도 여전히 좋지 않은 상황이었습니다. 이런 걸로 진짜 고휘도 청색 LED가 탄생할 수 있겠냐는 불안도 여전했습니다. 그러나 그때 제 마음속에는 일종의 여유, 성공의 기대와 같은 게 생기고 있었습니다. 그 여유와 희망의 근거는 '고독과 집중' 입니다. '고독과 집중' 은 제 '성공 패턴' 이었습니다.

이 패턴 속에서는 항상 갑자기 아이디어가 솟아났습니다. 거듭 말하지만 저는 지난 10년간, 3년, 3년, 4년이라는 사이클로 제품 3개를 개발했습니다. 그런데 3번 모두 이 '고독과 집중' 이라는 패턴으로 발전한 뒤 끝끝내 성공한 것입니다. 결코, 근거 없는 희망이 아니었습니다.

니치아화학은 시골 회사입니다. 사원 대부분은 당시 시간을 놀리고 있었습니다. 화제가 다 떨어져 있었으며, 지루한 시간을 어떻게 보낼지 고민하고 있었습니다. 제가 뭔가 새로운 개발을 시작할 때마다 동료들은 '이번엔 어떤 걸 개발할 거야?' 라며 흥미진진한 얼굴로 실험을 보러왔습니다. 회사 명령은 무시했던 저이지만 인간관계는 괜찮았기에 찾아와주면 말동무는 해줍니다. 대학생 때처럼 '너희, 방해꾼이다' 라고 고함치며 히키코모리처럼 있는 건 예의가 아닐 것입니다.

그렇게 주위 잡음에 휘둘리다가 연구가 멈추는 건 저로서도 귀찮은 문제였습니다. 회사도 개발비를 대고 있었기 때문에, 처음엔 '아직 안됐어?' 라며 성화같은 재촉을 합니다. 실험실로 상사가 찾아와 장황하게 의견을 늘어놓기도 합니다. 물론 그렇게 빨리 개발될 리는 없습니다. 그러면 점차 회사도 내게 정나미가 떨어져, 개발비도 내지 않는 대신 참견도 하지 않게 됩니다. 반년 정도 지나니 자주 얘기하러 찾아왔던 동료들도 안 오게 됩니다. 더 시간이 지나면 아무도 오지 않고 회사로부터 외면당하게 됩니다. 그러면 저는 철저히 혼자가 되어 집중해 연구를 계속할 수 있습니다.

고독하게 되는 것과 동시에 연속 실패를 맛보며 정신적으로 피폐해집니다. 문제를 해결하려 계속 생각을 하다가 실패하여 낙담하는 매일을 보냅니다. 자기혐오도 생기고 '어차피 안되는구나' 라며 낙담도 합니다. 그러나 낙담하면 할수록 저는 더 집중하게 됩니다. 낙담이 이어지면 마지막엔 '이제 죽기 살기다. 지옥에나 떨어져라' 라며 다시 돌변해 일어서는 경지에 도달합니다. '끝까지 떨어지려면 아직 한참 남았다. 지옥까지 떨어지지 않으면 안 된다. 더 실패해야 한다' 라고 낙담이 마치 좋은 현상이라도 되는 듯 느끼게 됩니다. 좀 너무 낙관적이기도 하지만, 추락할 때까지 끝없이 추락해 '이제 기어 올라갈 일만 남았군' 이라는 상태가 되면 제대로 된 것입니다. 깊이 떨어지면 떨어질수록 높이 점프할 수 있는 트램펄린과 같은 것입니다.

오히려 그때 저는 지옥에까지 추락하는 걸 스스로 바랐던 것 같은 느낌도 듭니다. 이렇게 자나 깨나 '질화갈륨으로 어떻게 하면 양질의 결정막을 만들 수 있을까?' 그것만 생각하게 되었습니다. 잡념이 들어올 여지가 없어져 머릿속이 깨끗해졌습니다. 회사와 집을 왔다 갔다 하며 운전할 때에도 신호를 무시하거나 사고 날 정도로 그것에 집중한 적도 있습니다.

1991년이 되었습니다. 이렇게 주위 잡음과 나 자신의 잡념이 없어졌고, 끝없이 추락하여 생각에 집중할 수 있게 되었습니다. 다시 말해 '고독과 집중' 패턴으로 스위치가 On이 되었던 어느 날. 제게는 처음으로, 그리고 세계적으로도 첫 혁신의 순간이 갑자기 찾아왔습니다.

| 드디어 도달한 세계 최초의 기술혁신Break through

아주 맑은 겨울날이었습니다. 여느 때처럼 출근해 바로 클린룸용 실험복으로 갈아입고 실험실로 들어가 질화갈륨의 결정박막을 성장시켜보았습니다. 전날 실패를 근거로 집에서 생각해 떠올랐던 아이디어를 실제로 장치를 써서 시험해보고 싶었습니다. 그리고 이것은 지난 약 1년간, 500번 이상이나 반복했던 실패 중 하나가 될 뻔한 실험이었습니다. 반응까진 몇 시간 걸리지만, 그날은 오전 중에 결정의 성장이 완료되었습니다. MOCVD 반응장치를 열어보니 전날과 마찬가지로 지름 약 5cm인 사파이어 기반 위에 질화갈륨의 투명한 결정박막이 생겨 있었습니다. 유리처럼 투명한 판. 처음 봤을 땐 전날 성장시켰던 결정박막과 차이를 알 수 없었습니다. 때마침 점심시간 종소리가 울렸습니다.

당시 회사에 식당이 없었기 때문에 집이 근처에 있는 사원은 집에 돌아가 점심을 먹고, 나머지 사원은 도시락을 먹었습니다. 개발과 동료들도 점심을 먹기 위해 연구실을 나섰습니다. 도쿠시마 시내에서 출퇴근했던 저는 언제나 배달을 시켜먹었습니다. 배달 도시락은 빨간 플라스틱 용기에 담겨있어 통칭 '아카벤'이라 불렀습니다. 연구실에서 300m 정도 떨어진 사무소 2층까지 가서 아카벤을 먹습니다. 그러나 그 전에 측정을 끝내야 했습니다.

저는 혼자 연구실에 남아 반응장치 안에서 결정박막을 꺼냈습니다. '오늘 아카벤 반찬은 뭘까?' 생각하며 다이아몬드 커터로 5mm 정도 네모나게 잘랐습니다. 매일 하는 작업으로, 이 작은 파편이 측정시료가 됩니다. 홀 측정기 안에 있는 전자석 위에 놓고 즉시 홀이동도를 계측해보았습니다. 스위치를 누르자 자계가 발생하여 전류가 흐릅니다. 측정시료에 발생한 홀전압을 컴퓨터가 계산해 바로 인쇄되어 나왔습니다.

수치를 보고 놀랐습니다.

200

'와, 대단해' 나도 모르게 감탄이 터져 가슴이 두근거렸습니다. 지금까지 만들어진 **세계 최고 수준의 막수치는 90. 그보다 약 100**이나 높은 수치였습니다. 제가 태어나서 처음으로 돌파한 세계 최고라는 벽. 투플로우 MOCVD 장치라는 기술혁신으로 달성한 성과였습니다.

'진짜 이게 맞을까?' 라는 의문이 생겨 다시 한번 뚫어지게 봤습니다. 역시 200이라는 숫자가 인쇄되어 있었습니다. 흥분에 몸을 가눌 수 없었습니다. 벌써 점심시간이 찾아와 내 주위엔 아무도 없었습니다. 그보다 이 기쁨을 함께 나눌 수 있는 사람이 니치아화학에는 아무도 없었습니다. 두근거리는 마음을 억누르고 홀 측정기에 조작 실수가 없었는지 확인했습니다. 문제없었습니다. 만약, 측정기에 넣었던 시료 부분만 기적적으로 수치가 좋았던 게 아닐까 생각해 방금 자른 부분 이외의 부분을 넣어 다시 측정해보았습니다. 역시 200이라는 수치가 나왔습니다. 이로써 재현성도 증명된 셈입니다.

틀림없이 저는 질화갈륨 분야에서 세계에서 제일 깨끗한 막을 만드는 데 성공한 것입니다. 그날도 어김없이 아무 맛도 없는 아카벤을 먹으면서 가장 먼저 생각한 것이 '이걸로 좋은 논문이 탄생할 거야' 라는 기대였습니다.

기껏해야 90에서 200으로 수치가 조금 오른 것뿐이었습니다. 수치 200인 결정박막으로 만든 칩이 빛을 낼 수 있다고는 생각할 수 없습니다. 그 정도로 청색 LED를 만들 수 있는 호락호락한 세계가 아닐 거라고 생각했습니다. 후지산 등산으로 비유하면 겨우 10분의 1만큼 오른 지점. 돌파해야 할 벽이 아직 많이 있을 것 같았습니다. 그러나 지금 뒤돌아보니, 그때 200이라는 결정박막을 만든 뒤부터 서서히 성과가 나타나기 시작했습니다.

즉, 세계 최초의 기술혁신break through이 모든 기술혁신

break through의 기초이자 가장 큰 기술혁신break through이었습니다.

❙ 과학은 인간에게 도움을 주는 물건을 만들기 위해 있다

이 우주에는 실로 다양한 물질과 현상이 있습니다. 그리고 인간 이외의 모든 것은 인간의 사고와 관계없이 존재합니다. 인간의 사고에 따라 태어난 과학도 마찬가지입니다. 천체망원경이 있으니까 저 멀리 성운이 생긴 게 아닙니다.

만유인력이라는 뉴턴역학이 있기 때문에 사과가 떨어지는 게 아닙니다. 즉, 과학이라는 건 자연의 모습, 실태를 사람에게 쉽게 번역해주기 위한 편리한 '도구'와 같습니다.

제가 처음 도구의 본질에 접한 것은 대학 3학년 때 고체물성이라는 강의에서였습니다. 그때 느꼈던 것은 '물질이란 무엇인지 알고 싶다'라는 강한 호기심이었습니다. 이 호기심이 연구를 지속해 나가는 중에 제 근원적인 동기 부여가 되었습니다. 그 이후 물리학이라는 도구를 써서 타이타늄산 바륨과 갈륨계 화합물 반도체라는 다양한 물질에 관해 연구를 지속했습니다.

물론 물질은 아무 말도 하지 않습니다. 물리학이라는 도구로 인간이 이해할 수 있는 언어로 번역하지 않으면 그 물질이 어떤 상태에 있는지 알 수 없습니다.

처음엔 그 도구는 이론밖에 없다고 생각했습니다. 그러나 이론도 중요하지만, 그 한계도 깨달았습니다.

이론에는 일정한 조건이라는 게 반드시 있습니다. 예를 들어 '10기압 속에서 섭씨 500도로 60초 가열할 경우'와 같은 것이 이론의 전제가 되는 조건입니다. 단순한 조건이지만 이러한 수치를 정확히 실현해내기는 무리입니다. 아무리 엄밀히 조건을 만족하게끔 해도 '대충 이 정도'라는 애매한 조건으로밖에 현실적 실험이 되지 않습니다. 덧붙여, 완전히 같은 조건 하에서 실험을 반복하는 것도 거의 불가능합니다. 이론상은 맞지만, 실제 자연 상태에서는 이론과 같은 결과가 나오지 않는 일도 많습니다. 이러할 경우, 몇 번이고 실험을 반복해 그 결과를 분석해 이론화하는 것밖에 없습니다. 즉, 물리학이라는 도구를 보다 구체적으로 잘 사용하기 위해서는 실험과 측정, 분석이라는 방법으로 실제와 대화하는 수밖에 없는 것입니다.

그러한 의미로 물리학이라는 이론과 실험이라는 수단은 겉과 속이 같은 한 몸입니다. 다시 말해, 이론과 법칙은 현상을 이해하는 유일하고 절대적인 수단은 아닙니다. 다른 많은 도구 중 하나에 불과합니다.

예를 들어, 현재 반도체 물리를 이해할 경우, 양자역학 지식이 없다면 불가능합니다. 그러나 양자역학을 이해하지 못한 사람은 반도체 디바이스를 만들 수 없냐고 하면 대답은 'No'입니다. 저는 양자역학을 잘 아는 편은 아니지만, 반도체 분야에서 몇 번 기술혁신break through을 실현했습니다. 저의 경우, 경험의 축적과

거기서 생겨난 지식과 직감을 구사해 실험 결과를 올바르게 분석해 그것을 모아 '자기류'로 만들어갑니다. 그리고 현상을 이해할 때는 그 자기류가 아주 빛을 발합니다. 왜냐면 자기가 생각해낸 것은 자기가 가장 이해하기 쉬운 방법이기 때문입니다.

대학 물리학 수업에서 가르쳐주는 이론과 법칙은 다른 사람이 생각해낸 이러한 방법 중 극히 일부분에 지나지 않습니다. 다른 방법을 찾아내고 가능하다면 자기류 방법을 찾아낼 것. 그것이 '학문'이 아닐까요.

더욱이 이론이나 법칙이 단순히 물질과 자연현상을 이해하기 위한 도구에 지나지 않는다고 생각하면 우리의 목적은 명확해집니다. 바로 '인간의 생활에 도움을 주는 것'이 아닐까요? 예를 들면 집을 한 채 세우기 위해 톱과 쇠망치를 쓰는데, 물리학이라는 것은 톱과 쇠망치를 어떻게 쓰는지 가르쳐주고 있습니다. 다른 나라 사람과 의사소통을 할 때, 그 나라 말을 배웁니다. 물리학이란 바로 이러한 언어와 같습니다. 학문이나 과학은 그것을 이용해 뭔가 만들어내야 합니다.

톱날 사용법만 알고 있다고 뭐가 될까요. 문법만 알고 있고 그 나라 사람과 대화하지 못한다면 뭐가 즐거울까요.

인간이란 톱과 쇠망치를 써서 집을 만들고, 말을 구사해 다른 사람에게 의미를 전달해야 합니다.

연구자는 연구실에 처박혀 연구만 한다고 되는 건 아닙니다. 그 연구로 인간 생활에 뭔가 도움이 되는 걸 만들어야 합니다. 그것이 과학자의 존재 이유이자 원점이 아닐까요.

❙ 고생해서 생각했던 경험이 직감을 낳는다

제가 하는 연구의 경우, 중요한 것은 '경험과 감'이라고 뼈저리게 느낍니다. 예를 들면 결정박막을 만들기 위해서는 성장프로그램이라는 특정 조건을 만족해야 합니다.

온도나 시간이라는 무한한 조합으로부터 단 하나의 조건을 찾아내야만 가장 훌륭한 결정박막을 만들 수 있습니다. 여기서 힘을 발휘하는 것이 경험과 감입니다. 그것은 이론가가 수식을 적용해 '이것이다'라고 이론적으로 귀결하는 것과는 다릅니다. 저의 경우, 무한한 조합들로부터 '대충이 정도일까'라고 감으로 정하는 게 많습니다. 물론 어림 대중으로 닥치는 대로 쑤셔대는 건 아닙니다.

이 감은 경험에서 나옵니다. 그리고 그 경험은 과거 직감의 축적인 것입니다.

경험함으로써 감이 날카로워지는 것 같습니다. 맞을 때는 한 번에 적중시키며, 선택할 때는 100% 맞는다고 굳게 믿고 있습니다. 안 맞아도 '제기랄, 다음번엔 진짜 맞출 거야'라며 계속 도전하지 않으면 경험은 축적되지 않습니다.

청색 LED 개발 때도 마찬가지였습니다. 고생해서 개조한 투플로우 MOCVD 장치를 써서 시행착오로 찾은 특정한 성장 프로그램을 근거로 멋지게 성공한 질화갈륨 결정박막. 사다리타기 게임이라는 예시가 적절한지 모르겠지만, 투플로우에서 밑으로 몇 층 계단을 더듬더듬 내려가니 거기엔 당시 세계 최고 레벨의 결정박막이 있었습니다. 사다리타기 게임의 가로 선은 하나지만, 여러 방향으로 분기되어있다고 합시다. 어느 걸 선택할지, 거기엔 감이 필요합니다. 세로 선은 경험입니다. 직감에 의지해 선택하고 계단을 더듬어 내려가는 중에 경험이 축적됩니다. 그리곤 드디어 목표에 도달할 수 있게 됩니다.

쓰라린 경험이 의지를 강하게 하기도 합니다. 제 경우 사장 명령에 불복해 회의도 나오지 않고 고독하게 연구에 몰두했을 때의 용기와 의지는 쓰라린 경험의 산물이었기 때문입니다. 스스로 훌륭한 감을 키우기 위해서는 고생할 수밖에 없습니다. 고생하면 나중에 편하다는 마음으로 이 악물고 생각을 합니다.

사고하는 습관이 감을 기를 수 있습니다. 스포츠 선수 중에서도 젊을 때부터 화려하게 꽃피워 고생하지 않고 자란 선수는 나중에 자라나지 못합니다. 물론 고생할 때 생각하지 않으면 안 됩니다. 분통을 역전의 기회로 생각하지 않으면 감은 날카로워지지 않습니다.

세계 최고 레벨, 세계 최초 기술을 초월하면 거기서부터는 전인미답前人未踏: 이제까지 그 누구도 손을 대어 본 일이 없음 영역으로 들어갑니다. 논문과 자료 어디에도 없으며 다른 사람에게 물어보려 해도 아무도 모릅니다. 과거 유명한 교수가 쓴 수식이 있는 것도 아니며 뭐든지 만들어내는 대단한 장치가 시중에 있는 것도 아닙니다.

경험과 감이라는 항해 도구로 스스로 생각하고 스스로 장치를 만들어야 합니다.

그것은 우주 탐험과 비슷합니다. 세계 선두에 서서 혼자서 새로운 기술혁신break through에 도전하지 않으면 안 됩니다.

그런데, 이러한 방법으로 연구를 진행해가던 저는 일절 메모 같은 건 쓰지 않았습니다. 종이 위에 형태를 남기지 않고 머릿속으로만 생각했습니다. 논문을 쓸 때도 아무것도 안 보고 갑자기 쓰기 시작했습니다. 전부 머릿속에 들어있었기 때문입니다. 금방 까먹고 말 생각은 아이디어라 할 수 없습니다. 흔히 취재를 오면 '실험 노트를 보여 달라'고 요구합니다. 그런 건 일절 없습니다. 노트나 자료를 만들 한가한 시간이 있다면 빨리 다음 실험을 준비하는 게 좋습니다.

자신이 개발한 기술과 이론의 증거를 남기기 위해서는 실험 노트를 기록해 놓는 게 보통 방식입니다. 그러나 저는 특허를 내기 위해 명세서를 써야 해서 그것이 실험 노트를 대신합니다. 원래부터 사회에서 통용되는 처세술과 인생에 대한 일반상식은 관심이 없었습니다. 또 그것을 깊게 생각하지도 않는 타입이었습니다. 그 대신, 뭔가를 집중하기 시작하면 그것밖에 보이지 않았습니다. 아침부터 밤까지 오로지 그것만 생각했습니다. 갈륨비소에 집중하면 갈륨비소만이 머리에 가득 찹니다. 일반적으로는 시장

조사를 하거나 개발비와 수익밸런스나 장래성을 생각하기도 하겠지만, 아침부터 밤까지 '왜 압력이 높아져 폭발할까'에 관해서만 집중했습니다. 즉, '좁고 깊게'입니다. 이것은 기술자와 연구자의 숙명과 같은 것이겠죠. 저도 보험을 걸어놓고 철저히 대비하며 사는 능숙한 삶은 아니었습니다. 이게 실패할 경우 다른 방법을 생각해두는 건 체질에 안 맞습니다. 세상 물정 모르고 어설픈 사람입니다.

I 처음으로 불을 밝힌 청색 LED

질화갈륨을 써서 홀이동도 수치 200, 당시 세계 최고 레벨의 결정박막을 만드는 데 성공했습니다. 나머지는 성장 프로그램을 찾아 더 부드럽고 균일한 막을 만드는 방향으로 전진할 뿐입니다. 그와 함께 사파이어 기반 위에 직접 질화갈륨을 성장시키는 게 아니라 한차례는, 같은 질화갈륨을 저온에서 깔고, 그 이후 위에 결정을 올리는 방법도 모색했습니다. 이 역시 생각하고 실험을 반복하는 중에 실현이 되었습니다. 그 방법은 **일반적으로 투스텝** 성장법으로 불리며 아주 부드러운 유리면의 성장표면이 얻어집니다.

그 뒤, 투스텝 성장법을 사용해서 홀이동도를 좀 더 높여 500을 달성했습니다. 이전에 다른 곳에서 보고된 수치는 300. 역시 이 방법으로도 세계 최고를 실현한 셈입니다. 다시 말해 투플로우 MOCVD라는 반응장치가 뛰어났기 때문에 무엇을 하든 세계 최초, 세계 최고가 달성된 것입니다. 이걸로 일단, 실제로 빛이 날법한 칩을 제작할 수 있는 깨끗한 박막을 성장시킬 수 있게 되었습니다.

다음 스텝은 '질화갈륨으로 LED를 만들어보는 것. 즉, 실제로 푸르게 빛나게 해보는 일' 이었습니다. 후지산 등산으로 말하면 20% 정도 등산한 레벨입니다.

LED, 즉 발광다이오드 원리를 간단히 설명하면 전자이동 에너지가 광 에너지로 변환되며 빛이 납니다. 원자의 주위를 돌고 있는 전자가 높은 에너지 상태로부터 낮은 에너지 상태로 이동할 때, 여분의 에너지를 빛으로 방출합니다. 질화갈륨과 같은 화합물 반도체에 전기를 흘려 전압을 걸면 전자가 이동하는데, 이때 에너지 변환이 일어나는 셈입니다. 이렇게 에너지를 효율적으로 변환시키기 위해서는 2종류의 질화갈륨층을 만들 필요가 있습니다.

고에너지 전자를 가지는 성질이 있는 N형 반도체층과 저에너지 전자를 가지는 성질이 있는 P형 반도체층 2개입니다. 이 N형층과 P형 층을 서로 붙이면 호모 접합*이라는 단순한 구조의 LED가 완성됩니다. 거기에 전압을 걸면 전류가 생겨 전자 에너지 이동이 시작되고, P형 층이 발광층이 되어 빛나게 됩니다. 보통 화합물 반도체의 경우 실리콘을 섞으면 N형 반도체가 되어, 마그네슘을 섞으면 P형 반도체를 만들 수 있습니다. 그러나 질화갈륨의 경우, 지금까지 N형은 가능했지만 아무리 노력해도 P형은 불가

*** 편집자 주: 동종의 반도체로 만들어진 집합**

능했습니다.

질화갈륨에 마그네슘을 섞으면 반도체가 아니라 전기가 통하지 않는 절연체가 됩니다. 이것은 1960년대부터 계속 연구된 과제였는데, 왜 그렇게 되는지는 수수께끼였습니다.

일본 질화물 연구의 제1인자, 아카사키 이사무 교수님이 1989년 전자선을 조사照射: 광선이나 방사선 따위를 비추어 쬠하는 방법으로 질화갈륨의 P형 반도체를 만든 적은 있지만, 실제로 LED로 쓸 수 있을 정도의 품질은 아니었습니다. 저도 전자선을 써서 시도해보았지만 역시 무리였습니다. 몇 개월 동안 시행착오를 거쳐 시도해보는 중에 '아마 열이 작용해 P형으로 되는 게 아닐까'라는 추론 단계에 이르렀습니다.

전자선을 쏘면 열이 납니다. 열을 가할 수 있게 되면 별도로 전자선을 조사照射하지 않아도 됩니다. 실제로 마그네슘을 첨가한 질화갈륨을 성장시킨 다음 열처리를 하면 손쉽게 P형 반도체가 됩니다.

트랜지스터와 같은 모든 종류의 반도체에는 N형과 P형 반도체가 쓰이고 있습니다. 제가 발견한 열처리 방법은 P형 반도체를 만들기 위해 지금은 전 세계적으로 사용되고 있지만, 그때까지 누구도 생각지 못한 방법이었습니다.

왜 열처리를 하면 P형 반도체가 만들어지는지 그 이유도 밝혀냈습니다. 수소가 왔다 갔다 하는 게 작용했기 때문입니다. 이 원리와 방법으로 지금도 사람들을 만나면 '그건 대단한 발견이야!'

라는 칭찬을 자주 듣습니다.

다시 말하지만, 투플로우 MOCVD 장치를 개발해, 홀이동도 200인 결정박막을 만들어 그것을 토대로 청색 LED로 넘어가는 과정에서 이렇게 세계 최초의 기술혁신break through이 몇 개월 단위로 속속히 탄생했습니다. 반응장치가 좋았기 때문에, 다음 스텝은 비교적 술술 진행되었습니다.

N형과 P형이 완성되면, 단순한 구조의 호모접합 LED를 만들어 불빛을 발하게 하는 게 가능해집니다. 이것은 당연한 원리인데, N형과 P형을 붙여 거기에 전기를 흘리면 불빛이 나는 건 상식 수준입니다. 1992년 3월 실제로 해보니 허탈할 정도로 너무 쉽게 빛났습니다. 사실 갑자기 빛나게 될 줄 상상도 못 했습니다. 만약 빛난다 해도 바로 꺼질 거라고 생각했습니다.

투스텝 성장법을 사용해 500을 달성한 결정박막의 홀이동도를 그 뒤 크게 올리지 못했습니다. 즉 그만큼 결정성은 변하지 않은 셈입니다. 결정결함 수로 말하면 아마 1㎠ 당 개 정도 있었을 겁니다. 이 정도로 거칠고 구멍투성이인 결정박막이 계속 빛을 낼 리가 없습니다. 그러나 눈앞에 놓인 건 진짜 LED의 빛이었습니다. 푸르다기보다 보라색에 가까운 연약한 불빛. 별로 밝지는 않았습니다. 파장이 짧기 때문에 빛색이 좋지 않았습니다. 좀 실망했습니다. 그래도 광량을 재면 탄화규소로 만들어진 청색 LED보다 약 1.5배 밝았습니다. 문제는 수명이었습니다. 결함투성이 막이었으니까요! 몇 시간동안 빛을 내면 잘한 편에 속했습니다. 반면에 기대도 있었습니다. 그날 저는 LED를 켜둔 채 퇴근했습니다.

다음날 연구실 문을 열 때 심장이 두근거렸습니다. LED를 확인하니 아직 불을 밝히고 있었습니다. 수명은 10시간 이상. 그때 처음으로 '드디어 해냈다!' 라는 실감이 났습니다. 다음날도 그다음 다음날도 빛나고 있었습니다. 내심 '이상한데. 이렇게 계속 빛이 나지는 않을 텐데' 라고 고개를 갸우뚱거리며 지켜보았습니다. 그리곤 오가와 노부오 회장에게 보고했습니다.

홀이동도로는 세계 최고 레벨에 도달했다는 것을 잘 이해하지 못했던 회장이지만, 이번에는 두 눈으로 보고 기뻐할 게 뻔할 것 같았습니다. 그러나 실행실로 찾아온 회장이 가장 먼저 한 말은 '휴, 이게 그리 기뻐할 만한 성과인지 모르겠네' 였습니다.

방 조명도 밝았기 때문에 잘 보이지 않았을까요? 실험실 안의 전깃불도 모두 끄고 다시 한번 잘 보라고 했습니다. 그러나 아무리 '푸르고 밝게 빛나고 있지 않냐' 고 손가락을 가리켜도 '이렇게 어둡게 빛나는데 뭐가?' 라며 고개를 가로젓기만 했습니다. 그러고 보니 회장님 말이 맞았습니다. 청색 LED가 반짝거리는 자체가 광반도체 분야에서 획기적인 일이었지만 스스로도 이 정도의 밝기로는 수긍할 수 없었습니다. 목표는 고휘도 청색 LED의 제품화였습니다. 제품화해서 매출을 신장시켜 코를 납작 눌러주고 싶었습니다. 실용 제품화시키지 못하면 거의 무의미했습니다. 이렇게 어두워서야 도저히 제품화시킬 수 없었습니다. 아무리 좋은 논문을 투고할 수 있다 한들 이렇게 희미하게 반짝이는 보랏빛 청색으론 팔 수 없기 때문입니다.

실생활에서 쓰이며 매출을 일으킬 정도의 기술이란 많은 기술 혁신break through이 겹겹이 쌓이지 않으면 불가능합니다. 이론 물리학에서는 큰 발견을 하나라도 하면 높은 평가를 받지만, 제품화하는 데에는 획기적인 기술이 많이 필요한 법입니다. 여기까지 와서 한숨을 쉬며 하늘을 쳐다볼 수밖에 없었습니다. 후지산 등산으로 비유하면 겨우 50% 높이까지 올라온 것일까요. 최종 목표인 정상, 실용 제품화까지의 길은 아직 멀고도 험한 길이었습니다.

Ⅰ 충격적인 뉴스를 듣고 다시 일어서다

그렇다 해도 처음 청색으로 반짝거렸던 LED 수명이 의외로 길었기에 정말 놀랐습니다. 3월부터 빛나기 시작해 1,000시간 수명까지 관측할 수 있었습니다. 이만큼 결정결함이 많은 박막이 열화되지도 않고 계속 빛을 낸 건 지금도 해명되지 않은 수수께끼입니다. 아마 결정결함 수는 발광하고 안 하는 데 그다지 관계가 없지 않을까 생각하기도 합니다. 그 뒤, 홀이동도 300인 막조차 실제로 빛이 나는 것이 확인되었습니다. 이 수수께끼에 관해서는 심화연구를 하기로 했습니다.

좌우지간 아직 이론적으로 과학적으로 해명되지 못한 수수께끼는 이 세상에 너무 많습니다. 수수께끼는 수수께끼로 접어두고 저는 어두운 보랏빛 청색 LED를 더 개량시켜 실용 제품화시키기 위해 전진해야 했습니다. 이론을 생각하거나 수수께끼를 해명하는 건 일단 미뤘습니다. 회장이 어둡다고 한 말은 사실이었고 아직 가야 할 여정이 길었습니다.

다음 단계는 보랏빛 청색보다 더 색깔이 밝고 선명하게 빛나는 고휘도 청색 LED였습니다. 그러기 위해서는 호모접합과 같은 단순한 박막구성이 아닌 질화인듐갈륨InGaN을 사용한 더블 헤테로 구조라는 더 복잡한 것을 개발해야 했습니다. 마음도 다시 정비해 '자, 시작해볼까' 하며 두 팔을 걷어붙이려 한 순간이었습니다. 충격적인 뉴스에 제 귀를 의심했습니다.

'미국 3M사가 셀렌화아연을 사용해 처음으로 청색 레이저 발진에 성공'

했다는 뉴스였습니다. 실험에 실패해 낙담한 것과는 비교도 되지 않을 정도로 정신적인 쇼크였습니다. 질화갈륨의 라이벌, 셀렌화아연은 청색 LED 단계를 뛰어넘어 더욱 어려운 레이저 발진을 실현한 것입니다. 후지산 중간까지 올라와 더 올라가기는커녕 반대로 추락한 것입니다. '졌다'는 한숨과 함께 연구를 지속해야 할 더 이상의 의미를 찾지 못했습니다.

마침 그때, 풀 죽어있던 내게 미국학회에서 초대장이 왔습니다. 보낸 사람은 일리노이 대학 하빌 교수였습니다. 질화갈륨 국제회의가 세인트루이스에서 열리는데 꼭 참석해 강연해달라는 의뢰였습니다.

사실 투플로우 MOCVD 장치를 개발해 홀이동도 200을 달성한 시점에서 제 이름이 학회에서 조금씩 알려지기 시작했습니다. 논문을 조금씩 발표한 덕분이었습니다. 특히 질화갈륨으로 PN 접합을 만든 것, 그리고 LED 발광에 성공한 실적은 상당히 높게 평가받고 있었습니다. 물론 반도체를 잘 몰랐던 니치아화학 상층부 사람들이 그런 걸 알 리가 만무했습니다.

질화갈륨 국제학회 때, 당연히 회사는 학회 발표는커녕 출석하는 것도 금지. 절대 가라고 하지 않을 게 뻔했습니다. 그래서 하빌 교수에게 사장님 앞으로 직접편지를 써달라고 부탁했습니다. 몇 번 편지가 왔다 갔다 하더니 드디어 사장님이 출장허가를 내주었습니다. 덕분에 플로리다 유학 이후 오랜만에 미국으로 떠나게 되었습니다. 셀렌화아연으로 레이저 발진 뉴스 때문에 잠을 설쳤지만, 그 학회 발표는 저로서는 처음으로서 보는 꿈의 무대였습니다. 질화갈륨 연구로 국제적인 학술회의였기 때문에 저명한 학자들과 우수한 연구자들이 전 세계에서 100명 정도 모일 예정이었습니다. 그곳에 제가 참가할 뿐만 아니라 영어로 제 연구 성과를 발표해야 했기 때문에 강연하기 전날까지 아주 긴장했습니다. 발표할 내용은 아주 많았습니다. 참석자 약 100명 중 제가 단연 가장 많은 데이터를 가지고 있었습니다. MOCVD 장치의 개량, 홀이동도 200을 달성한 것, 열처리로 P형 반도체를 제조한 것, PN 접합 LED 등등.

P형 반도체 강연을 했을 때 사람들은 술렁였습니다. 제가

'수소가 들락날락하는 게 영향이 있는 게 아닌가'

라고 말하자 갑자기 청중 중 한 사람이 벌떡 일어나 '아니다' 라고 했습니다. 그에 대해 또 다른 학자가 '아니다. 나카무라의 이론이 맞다' 라며 반론하니 또 다른 학자가 발언하며 큰 논쟁이 되었습니다. 모두 세계적으로 유명한 학자들이었습니다. 강연하는 본인을 놔두고 격론이 벌어졌습니다.

그 뒤 몇 번이나 강연의뢰가 들어왔습니다. 그러니 제 영어도 걱정할 정도는 아니었나 봅니다. 처음엔 영어로 원고를 쓰고 그것을 줄줄 읽었습니다. 그러다 나중엔 귀찮아져서 2번째부터는 원고를 보지 않고 단어를 띄엄띄엄 나열하며 강연했는데, 사람들 반응은 오히려 그쪽이 좋았습니다.

그리고 드디어 청색 LED에 관한 강연이었습니다. 밝게 빛나지 않아 자신이 없었습니다. 그러나 PN 접합 LED에 관해 강연을 시작하자 놀랐습니다. 개발 경과와 이론적인 증명을 설명하고 저는 마지막으로

'1,000시간을 넘었다'

고 수명을 보고했습니다. 침을 꼴깍 삼키며 두 눈을 집중하는 청중 분위기가 전해져왔습니다. 그리고 잠깐 정적이 흐른 후, 모두 기립박수standing ovation를 쳤습니다. 저는 여우에 홀린 듯한 기분이 되어 단상을 내려왔습니다. 그러자 유명한 학자 몇 명이 다가와 '대단한 성과다. 당신 연구가 금방 꺼져버리는 셀렌화아연보다 훨씬 대단하다. 계속해라' 라며 격려해주었습니다.

질화갈륨 학회였기 때문에 셀레늄화 때문에 높이 평가하는 연

구자가 없는 것도 당연한 일이지만, 여러 격려의 말이 마음에 걸렸습니다. 이상하게 생각한 저는 '그렇지만, 레이저 발진까지 시켰으니까 셀렌화아연이 훨씬 밝겠죠?' 라고 다시 물으니 '아니, 1초 이하의 수명밖에 안 돼. 도저히 사용할 수 없는 것들이야. 어두워도 수명이 긴 질화갈륨이 훨씬 가능성이 있어' 라며 제 어깨를 두드리는 게 아니겠습니까? 수명 1초 이하. 자세히 들어보니 셀렌화아연을 써서 발진한 청색 레이저는 금방 열화劣化* 되어 수명이 극단적으로 짧았습니다.

일반적으로 방송이란 한 사건의 두드러진 면만을 부각해 소개하는 경향이 있습니다. 좋은 일은 좋은 면만을, 나쁜 일은 나쁜 면만을 밤낮없이 강조합니다. 그렇게 해야 독자나 시청자들에게 강하게 어필해 시청률이 오르기 때문이겠지요. 발표하는 쪽도 너무 부정적인 면을 말하고 싶지 않은 것과도 관계가 있을법합니다. 셀렌화아연의 청색 레이저 성공이라는 뉴스만 해도 그렇습니다. '빛났다' 고 온갖 소란을 피웠지만 '수명이 초 단위밖에 안 된다' 는 건 정작 생략해 국민들이 과도한 기대를 했으니까요.

이것은 학계의 상식이었지만, 도쿠시마라는 시골에서 일본 신문에 실린 기사밖에 보지 않는 제가 알 수 있는 일은 아니었습니다. 저는 학계에 참석기를 참 잘했다는 생각이 들었습니다. 역시 회사 명령 같은 건 들을 게 못 됩니다. 자신이 하고 싶은 것을 신념을 가지고 끝까지 밀고 나가면 반드시 길은 열립니다. 그것을

* 편집자 주: 절연체가 외부 혹은 내부의 영향에 따라 화학적, 물리적 성질이 나빠지는 현상

재확인한 셈입니다.

그리고 '이제 끝났다'며 반쯤 포기한 질화갈륨의 가능성을 다시 한번 믿게 되었습니다. 같은 목표를 가진 많은 동료도 생겼습니다. 귀국 후, 저는 정신적으로 침울했던 상태에서 벗어나 다시 실험실에 틀어박혀 다시 한 걸음씩 정상을 향해 오르기 시작했습니다.

I 궁극적인 청색을 드디어 실현

다음 단계는 더블 헤테로 구조. LED를 만들기 위한 궁극적인 구조입니다. 일반적으로 더블 헤테로는 '헤테로', 이질적인 물질끼리 '더블', 이중으로 서로 붙어있습니다. 다시 말해 단순히 합해도 4층 이상이 됩니다. N형 P형인 호모접합은 '호모'이기 때문에 각각 질화갈륨이라는 같은 물질로 되어있습니다. 단순한 2층 구조입니다. 호모접합으로 실제로 빛이 나는 발광층은 P형 반도체 부분입니다. 그러나 제가 추구했던 더블 헤테로는 중간에 있는 발광층을 양측에서 다른 물질끼리 서로 붙여 2중으로 한 헤테로층에 끼우는 5층 구조, 또는 5층 이상으로 하는 셈입니다. 때문에, 질화갈륨과 다른 물질을 만들어야 했습니다.

이때, 무슨 수를 써서도 필요하게 되는 게 질화인듐갈륨. 질화갈륨에 인듐을 넣으면 만들어지는 물질입니다. 인듐은 갈륨과 마찬가지로 반도체 재료로 흔히 사용됩니다. 그런데 실용적으로 내구성 있는 품질의 질화인듐갈륨 결정박막은 전 세계에서 아무도 만든 적 없는 것이었습니다.

이것을 개발하려 몰두하기 시작한 때였습니다. 생각지 못한 참견이 끼어들었습니다. 보랏빛 청색으로 빛난 PN 호모접합 LED 성공을 들은 사장이 '기존 것보다 1.5배 밝은 것이 성공하면 제품화된다' 라고 멋대로 정한 것입니다. 그 뒤는 '제품화해라' 는 명령의 연속이었습니다. 왠지 나한테는 얼굴을 맞대고 이야기하지 않고 항상 문서 아니면 상사를 통해 지시를 내렸습니다. 매일 상사인 부장과 과장이 한 명씩 교대로 연구실로 들이닥쳐 '이 연구에 얼마나 많은 돈을 쏟아 부었는지 알지? 제품화해서 매출에 공헌해라' 고 시끄럽게 쏘아댔습니다. 그 뒤 약 한 달간 '바로 PN 호모접합 LED를 제품화해라. 더블 헤테로 구조 LED 같은 건 아무도 못 했으니까 될 리가 없다' 며 성화같이 간섭했습니다.

그나저나 사장 명령이었습니다. 만약 이것이 청색 LED 연구를 하기 전이었다면, 아무 거역 없이 '네, 네' 하며 명령을 들었을 겁니다. 그러나 지금은 제 목숨을 걸고 하고 있습니다. 또한, 지금까지의 성공도 모두 회사 명령을 무시하고 스스로 생각한 대로 했기 때문에 성공한 것입니다. 물론, 사장 명령이든 누구 명령이든 잡음 따위는 듣지 않았습니다. 저는 질화인듐갈륨 개발을 시작했습니다. 얼마 전 다른 회사 연구자 조언을 진심으로 받아들인 사장이 '질화갈륨 연구는 그만두고, 갈륨비소 헴토 연구를 해라' 고 했던 때도 그랬지만, 가장 큰 연구 방해꾼은 사장 명령이었습니다. 이것을 무시하는 게 가장 어려운 일이었습니다. 이때 저는 부하들에게 적은 사외가 아니라 사내에 있다고 자주 말했습니다. 지금 다시 생각해보니, 이때부터 저와 회사의 관계는 험악한 사이였습니다.

그 후 몇 개월간, 투플로우 MOCVD 장치와 씨름하는 나날을 보냈습니다. 다양한 성장 프로그램을 시도해 실험을 거듭한 결과, 드디어 실제로 푸르게 빛나는 질화인듐갈륨 결정박막을 만드는 데 성공했습니다. 이 발명은 열처리로 P형 반도체를 제조하는 기술보다 나으면 낫지 결코 못 하지 않은 획기적인 기술혁신 break through이었습니다.

PN 호모접합의 경우, 발광층인 P형 반도체 부분의 질화갈륨은 보라색으로밖에 빛나지 않습니다. 그러나 보라색은 파장이 짧기 때문에 어두운 빛으로밖에 보이지 않습니다. 그런데 질화인듐갈륨을 사용하면 LED나 레이저는 말할 것도 없고 트랜지스터제조에도 응용할 수 있습니다. 또 중요한 것은 질화인듐갈륨의 경우 인듐을 가하는 양에 따라 발광색을 다양하게 조정할 수 있는 점입니다.

현재 LED는 자외선 이외에 보라색, 청색, 녹색, 황록색, 황색까지 발광이 실현되어있습니다. 여기에 인듐을 대량으로 더할 수 있다면 미래에는 갈륨비소가 아니라, 질화인듐갈륨으로 적색이나 적색 이외의 색깔까지 가능하게 될 것입니다. 즉, 질화인듐갈륨이라는 한 소재로 LED 대부분을 만들 수 있습니다. 원료 종류가 줄어들기 때문에 종래 방법보다 제조과정을 간소화할 수도 있습니다.

회사 지시대로 호모접합 LED를 제품화하면 개발은 거기서 정지. 특허도 신청하지 않고 제품을 내면 대기업이 그것을 입수해 자신의 것으로 하겠죠. 특허를 취득한 뒤에 더 좋은 것을 낼 것이 뻔합니다. 역시 자기 생각을 끝까지 밀고 나간 것이 더블 헤테로 구조 성공으로 이어졌습니다. 드디어 후지산 정상이 보이기 시작했던 저는 이 질화인듐갈륨을 N형 반도체와 P형 반도체로 샌드위치 하여, 바로 더블 헤테로 구조 LED 칩을 만들어보았습니다. 아직 청색 파장이 짧고 휘도가 낮았기 때문에 그렇게 선명하게 푸른색으로 빛나지는 않았습니다. 그러나 완성까지 거의 다 왔습니다. 청색 발광 파장을 시인성이 높은 쪽으로 이동시켜 질화인듐갈륨의 성장프로그램을 조정해, P형 N형 각각의 소재도 조금씩 바꿔보았습니다. 드디어 고휘도 청색 LED가 완성되었습니다. 그 궁극적인 청색 섬광이 빛을 발한 것은 1993년 초였습니다. 휘도는 약 1칸델라Candela: 광도의 SI단위. 보랏빛 청색青紫色, blue purple으로 빛났던 PN 호모접합 LED의 약 60배, 질화규소의 약 100배의 밝기였습니다.

이 정도라면 충분히 제품화가 가능합니다. 대성공이었습니다. 제품화하면 무조건 팔릴 거라는 확신이 있었습니다. 드디어 저는 후지산 정상까지 완주했습니다.

거의 잊고 있었던 감각이 주마등처럼 스쳐 지나갔습니다.

밑바닥과 집중.

실패해 낙담하고 고독 속에서 집중해 몰두하는 나날.

아슬아슬한 고난에 내몰려

죽기 살기로 거기에서 기어올라 기술혁신break through을 향해…….

제3장

의문과 결단

❙ 제품화까지 우여곡절

고휘도 청색 LED 제품화 최종 국면에 들어섰습니다. 권리 관계를 찾아보거나 양산라인을 정리해 사내체제를 만드는데 의외로 시간이 걸렸습니다. 회사도 드디어 저를 개발과 과장으로 승진시켜주었지만, 니치아화학의 기본적인 성격은 변하지 않았습니다.

좌우지간 청색 LED 제품화 발표 직전까지 사장은 '이런 거 신문 발표까지 해서 효과가 있어? 팔리기나 해?' 라며 깎아내리기 일쑤였습니다. 정말 대단한 발명이니 제발 부탁드린다고 설득해 겨우 발표할 수 있었습니다.

1993년 12월, 드디어 고휘도 청색 LED의 세계 최초 실용화가 발표되었습니다. 물론 실제로 발표해보니 전국은 말할 것도 없고 전 세계에서 굉장한 반향이 있었습니다. 취재진도 아주 많이 모여들었고 발표가 성황리에 끝나고 나니 어느 샌가 회사 상층부를 중심으로 사진 촬영행사가 시작되었습니다. 사장과 부장들이 서로 밀치며 자리다툼을 하는 사이에 구석으로 밀려났고 그런 저를 향해 누군가가 '나카무라 군 이리와' 라며 안으로 넣어주었습니다. 그때 저는 쓴웃음밖에 지을 수 없었습니다.

제품의 매출도 순조로웠습니다. 대규모 설비 투자도 하여 사원도 계속 늘어났습니다. 제가 진행하는 개발 연구를 이상한 눈으로 보는 쳐다보는 눈빛도 사라졌습니다. 실제로 이익을 얻고 있었기 때문에 동료들에게 미안했던 감정도 점차 사라졌습니다. 그렇습니다. 드디어 당당하게 가슴 펴고 연구를 지속할 수 있는 환경이 되었습니다. 그러나 어느 날 사이좋았던 동료들이 하는 말을 들었습니다.

"나카무라도 이제 용도 폐기야. 다음으로 무슨 개발을 시키겠어?"

청색 LED 제품화가 정해진 때부터 개발과 조직은 싹 뒤바뀌어 있었습니다. 약 1년 사이에 한 달마다 새로운 자리가 생기고, 인사이동이 있었습니다. 다른 부서에서 부장이 이동해왔고 제품화 발표 뒤, 다른 회사에서 중도 입사한 사람이 청색 LED 제조 부문 책임자가 되어있기도 했습니다.

"청색 LED는 이제 됐으니까, 청색 반도체 레이저 개발에 착수해."

회사는 이렇게 또 다른 명령을 내렸습니다. 언제나 그렇듯이 말입니다. 저도 잘 알고 있었습니다. '죽도록 열심히 해도 좋게 평가받지 못하는 곳이 이 회사다'라고. 필사적으로 씨앗을 뿌리고 땀 흘려 물과 비료를 줘도 잘 여문 과일은 가로채기 일쑤입니다. 마침 청색 LED를 개발한 직후 어머니가 뇌출혈로 쓰러져, 회사일은 신경 쓸 여력이 없기도 했습니다. 그래서 분노를 느낄 새도 없었습니다. '또?'라는 낙담과 '어쩔 수 없군'하며 반쯤 포기하고 싶은 감정이었습니다. 그만둘 결의로 낭떠러지에 선 마음으로 연구해도 당시 저는 전형적인 회사 직원일 뿐이었습니다. 그저 조직에 충실한 샐러리맨이었습니다.

| 슬레이브 나카무라Slave ナカムラ

청색 LED가 성공했을 때부터 저에게는 부하직원 몇 명이 생겼습니다. 대대적으로 제품화했기 때문에 열 너덧 명 팀을 만들지 않으면 무리였던 것입니다. 저에 대한 회사의 평가가 너무 낮다고 생각했는지 그들은 모두 동정심으로 저를 대했습니다. 그중에는 회사 처우에 불만을 가진 사람도 있었습니다. 그렇게 부하직원과 얘기하는 중에 자연스레 누가 말을 꺼내지도 않았는데 '회사를 그만두고 독립하지 않을지'에 관한 이야기가 화제로 떠올랐습니다. 그러나 총대를 메는 사람은 없었습니다. 동료들이 모여들어 화제가 될 때마다 '그럼, 자금은 어떻게 모을까'라는 문제에 봉착해 용두사미로 끝나기 일쑤였습니다. 그때나 지금이나 일본은 벤처기업을 일구기 어려운 환경입니다. 은행과 네트워크가 없으면 자금조달을 할 수 없는 시스템으로 되어있습니다.

일본에서는 새로운 사업을 시작할 때, 어떻게든 은행에서 돈을 빌려야만 합니다. 터무니없이 큰 위험성이 뒤따르기 때문에 보통 샐러리맨이 쉽게 독립을 생각하는 건 불가능합니다. 옛날 일본은 독창적인 개인이 벤처기업을 일으켜 성공했다는 이야기가 아주 많았습니다. 소니의 이부카 마사루 씨나 혼다의 혼다 소이치로 씨, 그리고 교세라의 이나모리 가즈오 씨 등등. 전후 일본경제를 지탱해 온 존재들이 별처럼 빛나고 있습니다.

그러나 언제부터인지 '전후 일본의 번영은 대기업과 관료들이 이룩했다'는 망상이 제멋대로 퍼졌습니다. 버블붕괴 후 금융 파탄과 관료 부패, 대기업의 모럴해저드 같은 사건만 봐도 이러한 생각이 틀린 게 아닌 게 명확합니다. 제도가 경직화된 지금 일본에서는 좀처럼 벤처기업이 성공하지 못합니다.

중소기업이 신규 사업을 시작해 대기업과 한판 붙으려고 해도 자금 면에서 어렵습니다. 미국과 달리, 일본에는 한 사람과 아이디어에 돈을 대고 투자하는 발상이 없다는 것도 문제입니다. 결과적으로 일본의 벤처, 중소기업에는 인재가 모이지 못하고 자금도 없어, 영원히 대기업 하청 꾼으로 전락하고 맙니다.

지금 돌이켜보니 저는 대학시절부터 지금까지 세상 물정 모른 채 살아왔습니다. 사회 원리를 모른 채 어른이 되었습니다. 그때도 진짜 독립하고 싶었다면 머리를 잘 굴려 어떻게든 방법을 알아냈을 것입니다. 그러나 역시 생각은 가족과 아직 어린 딸들에 머물렀습니다. 안정적인 샐러리맨 생활에서 불안정한 기업가가 되겠다는 배짱이 그때는 없었습니다. 변화도 없고 보람도 없는 샐러리맨 생활에서 유일하게 변한 것은 회사가 논문발표나 학회 참석을 묵인하기 시작한 것입니다. 물론 회사 입장은 둘 다 금지. 저한테만 어쩔 수 없이 눈감아준 것이었습니다. 하긴 회사가 반대해도 저는 출석했겠지만.

청색 LED 제품화 이후 학회에서는 초빙 강연 의뢰가 갑자기 늘었습니다. 그만큼 제 시야도 넓어졌습니다. 국제학회는 1년에 6회 정도 열리니 평균적으로 2개월에 한 번씩 해외로 출장을 가게 되었습니다.

원래 성격은 인간관계가 좋은 편이었습니다. 학회에서 친한 친구도 생기고 그들과 대화하며 사회성과 상식도 점차 갖추게 되었습니다. 정보교환, 의견교환의 장으로서 학회는 제게 아주 중요한 교류의 장이었습니다. 그런데 국제적인 학회에 참석해 연구자들과 얘기하면 하나같이 고액연봉자가 아니냐는 질문을 받았습니다. 얼마를 받는지 맞혀보라고 웃으며 말하면 대개 모두 수십억 단위의 금액을 말합니다. 제가 말도 안 된다며 실제 월급을 말하면 하나 같이 놀라며 기막혀 했습니다.

"정말이에요? 그런 회사에 잘도 남아계시네요. 획기적인 발명을 몇 개나 했는데! 미국이라면 벌써 부자가 됐을 거예요!"

그렇게 해서 붙은 제 별명이 '슬레이브 나카무라スレイブ·ナカムラ'. 국제적으로 봐도 저는 니치아화학의 '노예slave'인 셈입니다. 당연히 그렇습니다. 휴가도 없이 연구에 몰두했고, 세계적인 기술혁신break through을 몇 개나 달성해 회사매출에 공헌했는데도 불구하고 자리는 과장, 봉급은 일본 평균적인 사원과 같은 정도 혹은 그 이하였습니다. 그렇게 친구들에게 비웃음을 당하면서도 저는 도저히 회사를 그만둘 결심을 하지 못했습니다.

물론 회사에 대한 불만은 컸습니다. 그러나 어느새 매일 매일 연구하는 일상에 파묻혀갔습니다. 독립하는 방법을 구체적으로 알아보려 해도 그런 시간이 좀처럼 생기지 않았습니다. 벤처기업을 일으킨다는 '위험한 시도'를 생각할 시간이 있으면 실험을 하나라도 더하는 것이 정신적으로 편했던 이유도 있었습니다. 또 청색 LED 다음으로 착수한 청색 반도체 레이저 연구를 마지막까지 끝내고 싶다는 마음도 강했습니다.

그런 바쁜 나날 속에서 불만과 분노를 잊고 인생 목표와 꿈이 없는 상태로 겨우 연구를 이어가고 있었습니다. 이렇게 본질적인 문제를 회피하면 결과적으로 회사만 이득을 보는 상황이 됩니다.

예를 들어, 청색 반도체 레이저 연구를 하고 있을 때였습니다. 레이저를 발진시키기 위해 연구에 몰두하고 있던 저는 시험 삼아 질화인듐갈륨 막을 극단적으로 얇게 만들어봤습니다. 약 1,000옹스트롬□이었던 두께를 1/100인 약 10옹스트롬까지 얇게 해봤습니다. 덧붙이자면 1옹스트롬은 100억 분의 1m0.1나노미터. 그야말로 나노 테크놀로지 세계입니다.

양자우물구조Quantum Well, 양자샘라 불리는 이 박막을 사용해 청색 반도체 레이저를 만들어보니, 보기 좋게 성공했습니다. 양자우물구조라는 건 간단히 설명하자면, 빛을 품고 있는 우물과 같은 얇은 층을 만들고 거기에 광에너지를 증폭시키는 구조를 말합니다. 그런데 이 양자우물구조를 쓰게 되면서 기존의 청색과 녹색 LED가 더욱 잘 빛나게 되었습니다. 이 역시 굉장히 획기적인 기술이었습니다.

그러나 저는 레이저 부문으로 이동되었기 때문에, LED 개발 작업에서는 이미 제외되었습니다. 그래서 LED 부문에 있는 부하에게 가서 이 발견에 관해 설명해주었습니다. 그러나 아무도 믿지 않았습니다. 다른 부서 사람은 참견하지 말라는 분위기였습니니다. 화가 치밀어 올라 결국 저는 이 기술의 특허를 회사명으로 신청했습니다. 그럴 필요도 의무도 없었는데도 불구하고 항상 저도 모르게 회사가 이득이 되는 결말로 끝나게 됩니다. 너무나 일본스럽고 자기희생적인 행동이라고밖에 설명할 수 없습니다. 지금 생각해보면 얼마나 바보 같은 짓을 했는지 후회되는 심정입니다.

I 확장된 새로운 세계

고휘도 청색 LED 제품화에 성공하고 나서 저를 보는 주위의 시선이 점점 변했습니다. 회사 내에서는 회사가 제 발언에 귀 기울이게 되었습니다. 또 학회 참석과 논문 발표도 알면서 모른 척 넘어가 주었습니다. 승진도 했고 월급도 올랐습니다. 부하직원도 늘었습니다. 또 회사 외적으로도 제 업적이 높게 평가되었습니다. 제품화 발표를 한 다음 해인 1994년과 1997년에는 일본 응용물리학회応用物理学会, The Japan Society of Applied Physics 논문상 A. 1995년에는 사쿠라이상을, 1996년에는 니시나 기념상仁科記念賞, Nishina Memorial Prize 을 받았습니다.

니시나 기념상은 물리학 분야에서 뛰어난 공적을 올린 연구자나 연구기관에 수여되는 상으로 일반 기업 연구자가 수상한 것은 드문 일이었습니다.

1997년에는 SID 특별공로상과 오코치 기념상을, 1998년에는 잭 A. 모턴상Jack A. Morton Award과 영국 랭크 프라이즈British Rank

Prize를 각각 수상했습니다. 1998년에 받은 두 상의 수상식은 해외에서, 이때는 아내와 동반 참석했습니다.

2000년 혼다상에 이어, 2001년 아사히상을 수상 제공: 아사히신문사

잡지나 TV 취재가 처음엔 그리 많지 않았습니다. 전문학술지나 기술 계통 잡지라면 몰라도, 일반 국민들은 저를 전혀 몰랐습니다. 연구에 바빠 시간이 없기도 했습니다. 취재 의뢰가 와도 회사가 거의 잘랐던 것 같습니다. 그러나 1999년 『뉴욕타임스The New York Times』와 『포춘Fortune』에서 제 기사가 다뤄지며 미국 대중매체가 주목하자, 일본 신문방송도 뒤쫓아 취재 공세가 시작되었습니다.

또 미국 유학 때 박사학위가 없어 그토록 무시를 당했는데, 드디어 도쿠시마 대학에서 박사학위를 받게 되었습니다. 제가 대학원에 다닐 적에는 석사과정밖에 없던 도쿠시마 대학에 그 뒤 박사과정도 신설되었기 때문입니다.

일본 학계만이 지닌 특수한 제도로 이른바 '논문 박사'라는 게 있습니다. 논문의 질이나 수를 심사해 대학 교수회가 평가해 특별히 박사학위를 주는 것입니다. 타다 교수님은 1988년 3월 이미 퇴직하셨지만, 타다 연구실 조교수였던 후쿠이 마스오 교수님이 '이렇게 뛰어난 논문을 썼으니 제가 추천해 드리겠습니다'라고 말해주었던 것입니다. 후쿠이 교수님은 육상을 좋아해 대학 때 육상부에 소속해있던 제 아내와 아는 사이였습니다. 우리 부부 모두 참 도움을 많이 받은 교수님입니다.

박사학위를 말하자면, 당시 도호쿠대학 총장님이셨던 니시자와 교수님의 애정을 잊을 수 없습니다. 니시자와 교수님과 친한 회사 상사가 '광전자 디바이스 분야에선 도호쿠대학 총장님인 니시자와 교수님이 이제 일인자야. 한번 만나보면 좋을거야'라며 같이 가자는 것이었습니다. 그 상사와 같이 인사차 방문하니 니시자와 교수님은 '토호쿠대학에서 박사학위를 줄 수도 있어요'라며 제안했습니다. 그러나 그때는 이미 도쿠시마대학에서 박사학위를 받는 수속 중이었기 때문에 정중하게 거절했습니다.

이러한 실적과 평가가 더해질 때마다 제 세계는 계속 넓어졌습니다. 친한 친구가 늘어난 것도 당연한 일이었습니다. 일본 연구자 중에는 오오카와 교수님과 치치부 시게후사 교수님 이렇게 두 분과 특히 친하게 지내고 있습니다. 현재 도쿄이과대학의 오오카와 교수님은 아주 풍부한 경험과 큰 연구실적을 가지고 계신 분으로 세상 물정 모르는 제게 많은 걸 가르쳐 주셨습니다. 1996년 반도체물리 국제회의에서 초빙 강연의뢰가 왔을 때에도 오오카와 교수님의 조언이 없었다면 귀중한 기회를 놓칠 뻔 했었습니다.

마침 그때는 연구에 몰두해 있었고, 얼마 전 해외 학회 발표에 참석했기 때문에 연속으로 출장허가가 나오지는 않을 거라 생각해 초대장이 와도 거절했습니다. 그래도 반도체물리 국제회의에서 의뢰는 끊이지 않았습니다. 중요한 회의가 아닐 거라 생각해 무시하고 있었습니다. 국내 학회에서 오오카와 교수님과 마주쳤을 때 이 얘기를 하니 교수님은 깜짝 놀라며 말했습니다.

> **"아니, 그 초대를 거절했어요? 말도 안돼요. 여기 강연하는 연구자들은 대부분 노벨상 수상자급이에요. 무조건 강연해야 해요"**

저는 무지를 부끄러워하며 학회에 승낙한다는 뜻을 전했습니다.

치치부 교수님은 현재 츠쿠바대학에 계시는데, 저와 공동연구를 하고 있어서 자주 메일로 연락합니다. 아직 젊은 교수님이지만 아주 뛰어난 분이며 항상 제게 큰 자극을 주십니다.

교토대학 후지타 시게오 교수님과 이전에 벨 연구소에 계셨던 하야시 이즈오 교수님 두 분은 대선배님으로 친구라 부르기에는 주제넘지만 언제나 저를 응원해주십니다. 두 분 다 높은 인격을 지닌 분으로 가끔 학회에서 뵙게 되면 먼저 말을 걸어주십니다. 격려의 말에 항상 용기를 얻고 있습니다.

I 처음 당한 헤드헌팅

국제적인 학회에 나와 해외, 특히 미국연구자 친구들이 많이 생겼습니다. 스탠포드대학 짐 헤리스 박사님. 또 미국에서 최초로 본격적인 질화갈륨 연구를 시작한 잭 박사님은 80세의 고령 교수님입니다. 제록스 사원이었던 애리조나대학 페르난도 박사님. 또 보스턴대학의 테드 박사님. 그리고 나중에 켈리포니아대학 산타바바라에서 제 동료가 된 스티브 박사님과 우메쉬 박사님. 그들과의 대화는 물론 영어입니다.

영어회화는 잘 못했지만 저는 학생 때부터 영어 알레르기가 있지는 않았습니다. 그 덕분에 한 번에 국립대학에 진학할 수 있었습니다. 지금은 그럭저럭 영어로 회화하는 게 가능해졌습니다. 영어에 거부감이 없는 건 어머니께 감사해야 할 일입니다.

초등학교 6학년에 올라갈 때였습니다. 야간 고등학교에서 영어를 가르치는 친척집에 영어를 배우러 다녔습니다. 어머님이 시킨 것이었습니다. 그것도 형제 중 저 혼자에게만. 형제 4명, 그 중 남자 3명 가운데 저는 비교적 공부를 하는 편이었습니다. 학급위원도 했으며 부지런하고 조용한 아이였습니다. 어쩌면 어머니는 저에게 약간 기대를 품고 있었는지도 모릅니다. 어차피 중학교에 들어가면 영어 수업이 있으니까, 미리 가르쳐 보자라는 마음으로 친척에게 부탁해두었다고 합니다. 일주일에 한 번, 그 집에 가서 『NHK 라디오 영어교실』이라는 교재로 영어를 배웠습니다. 그 선생님은 너무 엄격해 예습복습을 해오지 않으면 자로 때리기까지 했습니다. 가고 싶지는 않았지만 농땡이를 치면 어머니가 굉장히 화를 내었습니다. 그게 무서워 어쩔 수 없이 1년간 다녔습니다. 1년이라는 시간은 결코 짧지 않았습니다. 중학교에 들어가고 나서는 영어 수업을 잘 알아들었습니다. 외국어는 처음이 중요합니다. 이해하면 재미있기 때문에 더 공부하게 되었습니다.

그 덕분에 영어 기초는 있었지만 솔직히 많이 부족한 실정이었습니다. 미국 친구들이 '나카무라의 영어는 전혀 문제가 없어. 일본어도 말하고 영어까지 말하니까 우리들보다 훨씬 대단해'라며 추켜세워 줬습니다. 논문이나 자료를 읽는 속도는 너무 차이가 났습니다. 독해 속도도 능력도 10분의 1정도일 것입니다. 1분 1초를 다투는 연구 분야에서 이것은 아주 큰 핸디캡입니다.

이렇게 제 주위의 세계는 확장되어 학계나 업계에서 저를 모르는 사람이 없었습니다. 당연히 다른 회사에서 헤드헌팅이 오기도 했습니다. 특히 미국에서는 대우가 더 좋은 직장으로 전직하는 것은 당연한 일. 제가 말하는 건 좀 부끄럽지만, 저는 세계 최초였던 기술혁신break through을 몇 가지 달성했습니다. 헤드헌팅 얘기가 나오지 않는 게 이상하겠죠.

처음 '우리한테 오지 않겠냐'는 권유가 있었던 건 1994년 연말쯤이었습니다. 학회에서 알게 된 어느 미국 기업에서 일하는 사람이었습니다. 니치아화학보다 2배나 많은 월급 액을 제시했습니다.

'월급 같은 건 문제가 아니야. 그 대신 스톡옵션을 줄 테니까, 꼭 와라'

고 덧붙여 강조했습니다. 그러나 그때 저는 세상 물정을 모르고 무지했습니다. 스톡옵션이 무슨 시스템인지조차 몰랐습니다. 미국에서 집으로 몇 번이나 전화를 했습니다. 아내에게 스톡옵션이 뭐냐고 물어보기도 했습니다.

스톡옵션이라는 것은 기업 사원이 자사 주식을 싸게 구입할 수 있는 권리를 말합니다. 자사 주식의 시장가격이 높을 때 팔면 그 차액만큼 돈을 벌 수 있습니다. 미국에서는 우수한 인재를 확보하기 위해 스톡옵션이라는 조건을 넣습니다.

스톡옵션이 뭔지 금방 조사해봐도 되지만, 마침 청색 반도체 레이저 개발에 집중하고 있었기 때문에 그런 한가한 시간도 여유도 없었습니다. 지금은 구글에 검색하면 금방 알 수 있겠지만, 1994년 당시에는 아직 PC 통신 시대였습니다. 게다가 일본에서 스톡옵션 제도의 규제가 법적으로 풀린 시기가 1997년 5월부터입니다. 저뿐만 아니라 당시 스톡옵션을 이해했던 일본인은 거의 없었을 것입니다.

결국 저는 상대방이 제시한 조건에 관해 조사하지도 못하고 그 제안을 거절한 셈입니다. 그 회사는 현재 순조롭게 성장하고 있습니다. 만약 그때 스톡옵션을 받아들였더라면 지금쯤 매매차액은 십수억 엔이 되었을 것입니다.

이렇게 제 인생은 항상 소 잃고 외양간 고치기 격이었습니다. 10년, 20년 뒤 겨우 뒤돌아보고 후회하길 반복하는 생활. 그리고 헤드헌팅 얘기가 나왔을 때, 제가 앞으로 미국에서 살게될 줄은 꿈에도 생각치 못했습니다.

I 계속해서 달성했던 기술혁신break through

그 뒤로도 저는 청색 반도체 레이저 연구개발을 계속했습니다. 이 기술의 실현도 획기적인 기술혁신break through이 될 것이 틀림없었습니다. 레이저 종류는 다양합니다. 기체레이저, 액체레이저, 그리고 우리가 개발할 반도체 레이저 등. 반도체 레이저는 문자 그대로 반도체에서 나오는 레이저 광선으로, 빛의 폭을 좁힐 수 있으며 발광 시키는 방향성도 뛰어납니다.

현재 CD나 DVD와 같은 광디바이스에 쓰이는 적색 레이저는 정보를 쓰거나 읽거나 하기 위한 이른바 '빛의 눈'입니다. 이 레이저에서 발진되는 빛의 파장을 짧게 할 수 있다면 같은 면적에 기록할 수 있는 정보의 양도 늘릴 수 있습니다. 즉, 파장이 긴 적색 반도체 레이저보다 짧은 청색 반도체 레이저를 사용하는 게 더 용량이 큰 광디바이스를 만들 수 있는 셈입니다. 이뿐만 아니라, 고밀도 광메모리나 해상도가 높은 레이저 프린터, 광화이버와 같은 고속 장거리 광통신에 광원으로 응용하는 것도 가능합니다. 따라서 청색 반도체 레이저는 그야말로 차세대 정보혁명에 필수불가결한 기술이라 할 수 있습니다.

원리적으로 반도체 레이저는 LED와 같습니다. 단, 레이저의 경우, 거울면을 이용하는 따위의 방식으로 빛의 방향성을 더 강하게 해야 합니다. 그 뒤, 다시 투플로우 MOCVD장치를 써서 시행착오를 거듭한 결과, 저는 1년도 안되어 청색 반도체 레이저를 발진하는 데까지 도달했습니다.

1995년 12월에는 질화갈륨과 같은 결정박막을 수십 층으로 해, 파장 410나노미터인 청색 반도체 레이저를 상온에서 펄스pulse* 발진시키는 데 성공했습니다. 세계 최고로 짧은 파장의 반도체 레이저의 탄생입니다.

1나노미터nm는 10억분의 1미터. 파장 410나노미터는 그때까지 사용했던 적색 반도체 레이저의 파장, 약 700나노미터보다 훨씬 짧았습니다. 쾌거였습니다. 그러나 내구성이 떨어지기 때문에 이것을 개량해 수명을 좀 더 늘리는 데 약간 고생했습니다. 1996년에는 청색 반도체 레이저를 상온에서 35시간 연속으로 발진시키는 데 성공했습니다. 그 뒤 조금씩 전진하다가 넘어지고를 반복했습니다.

1997년 5월, 소니가

'셀렌화아연을 써서 파장 515nm 청록색 레이저를 개발했다'

* 편집자 주: 아주 짧은 시간동안 흐르는 전류

는 발표를 듣고는 순간적으로 당황했습니다. 그러나 3M사 때와 마찬가지로 그 수명은 불과 몇 시간. 나중에 그것을 알고 한숨 돌렸습니다. 왜냐하면 저는 같은 해 10월 청색 반도체 레이저를 50도라는 온도 조건에서 1,000시간 연속으로 발진시키는 데 성공했기 때문입니다.

만약 온도 20도 조건이라면 수명은 1만 시간 이상으로 환산됩니다. 드디어 청색 반도체 레이저는 거의 실용제품화로 길이 열리게 되었습니다. 이러한 성과를 발표한 곳은 도쿠시마시에서 열린 질화물 반도체 국제회의 석상에서였습니다. 많은 친구가 모인 자리에서 발표한 기술혁신break through. 그때 느꼈던 자부심은 생애 잊을 수 없는 감격이었습니다. 결국 청색 반도체 레이저가 제품화되는 날이 찾아왔습니다. 샘플 출하를 개시한 1999년이었습니다. 그리고 그 해, 이미 니치아화학은 연매출 400억 엔 이상, 사원 약 1,350명이라는 대기업으로 성장했습니다.

I 이대로 가면 바보가 된다

고휘도 청색 LED라는 후지산을 끝까지 올라, 청색 반도체 레이저라는 더욱 높은 산으로 도전에 도전을 거듭해온 제 연구는 여기서 그 정상에 도달했다고 할 수 있습니다. 질화갈륨에 관한 연구는 할 수 있는 만큼 다했고, LED나 레이저와 같은 광디바이스 개발에도 끝이 보였습니다. 동시에 회사에서의 제 입장도 '실적을 높여 회사에 공헌한 개발자'라는 인식이 퍼져 안도의 한숨을 쉬었습니다. 청색 LED 개발 이 전처럼 '밥만 축내는 밥충'이라고 매도될 일도 없고, 개발과도 어느새 개발부로 승격되어 부원이 꽤 충원되었습니다. 저는 이미 회사와 부하들에게 '히어로'와 같은 존재가 되었습니다.

회사가 커지면서 도쿠시마현 밖에서 신규 채용을 하기에 이르렀습니다. 저와 같은 샐러리맨 사원이 늘어나면서, 전처럼 농사일하며 부업처럼 회사 일을 하던 사원이 상대적으로 줄어들었습니다.

젊은 연구자들은 대부분 제가 연구했던 질화갈륨에 관한 기술이나 광디바이스 개발을 목표로 니치아화학에 입사했습니다. 이공계 학생이 도전하는 최첨단 기술이었기 때문에 그건 당연한 현상이었습니다.

원래부터 부하를 잘 보살피는 성격이었지만, 부하들도 '나카무라 선배님, 나카무라 선배님'이라 부르며 잘 따라주었습니다. 모두들 첨단기술연구를 하고 싶어 어쩔 줄 몰라 했던 청년들이었습니다. 그래서 자연히 그들에게 뭐든 맡기게 되었습니다. 젊은 우수한 부하들이 솔선해 미리 일을 처리해 놓는 경우도 많았습니다. 그러자 점차 제 스스로 손발을 움직여 일을 하는 시간이 줄어들었습니다. 명령하면 부하들이 전부 다 해주었기 때문입니다. 그것에 길들여지면 천국일 것 같았습니다.

그러나 단순히 책상에 앉아 아무것도 안 하고 시간만 흘려보내는 나날이 많았습니다. 실제로 제품을 만들기 위해 손발을 움직이는 대신 머리만 쓰다보니, 저는 스스로 바보가 되어가는 느낌이었습니다. '이대로 가면 끝이다'라는 공포감. 자신이 소외되는 것 같은 결핍.

회사에서 보내는 시간이 점점 고통으로 다가왔습니다. 대우는 계속 개선되었지만, 아무리 대단한 발명을 하고 획기적인 특허를 취득해도 월급 인상은 일반 사원과 같은 속도. 동종업계 다른 회사와 비교하면 오히려 더딘 편이었습니다. 1999년 당시 저는 이미 45세로 니치아화학에서 이대로 승진하다간 월급쟁이 말로가 훤했습니다.

그러나 아직 45세. '연구자로서 아직 젊다. 닦으면 훨씬 더 빛날 거야'라는 자부심이 있었습니다. 이렇게 책상에 주저앉아 월급쟁이로 일생을 끝내는 건 미안하지만 거절합니다. 사람은 고생하며 생각하고 지혜를 짜내는 존재입니다. 스스로 '여기까지'라는 한계를 설정하면 그 이상의 성장은 바라볼 수 없습니다.

그때부터 오가와 노부오 회장님이 점점 회사에서 그 모습을 감추기 시작했습니다. 건강이 악화되어 자택에서 나오지 못하게 된 것이었습니다. 제가 회사에서 마음껏 하고 싶은 걸 할 수 있었던 것은 오가와 노부오 회장님의 존재가 컸습니다. 그러나 그 뒤를 이은 오가와 에이지 사장과 제 관계는 그렇게 좋지 않았습니다. 노부오 회장님이라는 백back이 있었기 때문에 에이지 사장은 지금까지 제 얼굴에 대고 뭐라 하지 못했습니다. 만약 회장님 건강에 이상이라도 생기면 저를 둘러싼 분위기도 싹 바뀔 것 같았습니다. 이런 사내환경 속에서 차츰차츰 제가 회사를 그만두고 싶다고 느끼기 시작한 것도 이상한 일이 아니었습니다.

이미 회사에 진 '빚'은 충분하고도 남을 정도로 다 갚았습니다. 만약 그만둔다 해도 동료들에게 아무것도 켕길 것도 없었습니다. 그러나 막상 그만두려 하니 역시 불안이 엄습했습니다. 가족도 있었습니다. 독신이었다면 벌써 옛날에 그만뒀을 것입니다.

마침 이때 회사는 질화물 반도체 연구소를 설립해서 저를 초대 소장으로 임명했습니다. 그러나 연구소는 실체가 없는 이름뿐인 연구소였습니다. 부하도 없이 사원은 저 혼자뿐이었습니다.

처음에 부장으로부터 이 연구소에 관한 얘기를 듣고 이상하다는 생각을 했습니다. '도대체 그런 걸 만들어 무슨 연구를 해요?'라며 따졌습니다. 그러자 회사는 '소장이 되어 질화물 반도체를 이용한 트랜지스터와 같은 새로운 전자 디바이스를 개발해줘'라며 저를 설득했습니다.

반발이 생겨 맹렬하게 반대했습니다. 그러한 전자 디바이스는 이미 미국에서 활발히 연구되고 있으니, 후발주자로 연구하는 건 이미 늦었다고 생각했기 때문입니다. 게다가 고생 끝에 대기업과 같은 걸 개발해내도, 결국 상대할 수 없었던 지난 과거의 경험도 있었습니다. 연구를 재탕하는 건 지긋지긋한 일이었습니다.

그러나 그때 니치아화학에서는 연구 테마도 사장 명령으로 정해졌습니다. 사원들은 아무런 권한도 없었습니다. 저는 '질화물이 아닌 전혀 다른 새로운 재료로 완전히 새로운 디바이스를 연구개발한다면 소장이 되어도 좋다'고 주장했습니다. 그러나 회사는 여느 때와 마찬가지로 사장 명령을 들먹이며 강제로 질화물 반도체 연구소를 만들어 그 초대 소장으로 저를 앉혔습니다.

이 연구소 설명 목적은 명백했습니다. 회사한테 저는 그저 눈에 난 다래끼와 같은 존재였습니다. 이미 LED와 레이저 연구 개발은 거의 완성되어 제 존재가 방해가 되었기 때문이었습니다. 사장 명령은 반드시 무시했던 저였기에, 다른 사원들 앞에서의 체면도 있었습니다. 적당한 부서를 만들어 쫓아내고, LED와 레이저 관계의 연구에서 어떻게든 저를 떼어놓고 싶었던 것입니다.

어느 날, 저를 스쳐지나가던 에이지 사장이 놀리듯이 속삭이며 말했습니다.

"나카무라 씨, 또 다시 혼자서 하게 생겼네"

회사는 획기적인 발명의 공로를 내가 독차지했다는 질투를 느꼈는지 모릅니다. 질화물 반도체 연구소라는 유명무실한 조직에 저를 가둔 행동이야말로 회사가 얼마나 저를 미워했는지 극단적으로 나타난 것이 아닐까요.

1999년 레이저 제품화를 발표한 직후, 부하들은 자주 이런 말을 건넸습니다.

"나카무라 선배, 좀 있으면 여기서도 내쫓기겠네요.
다음엔 뭘 할 생각이에요?"

그 정도로 저와 회사의 험악한 관계는 사내에서도 유명했습니다.

너무 극단적으로 생각한 게 아닐까 하여 다시 마음을 가다듬고, 질화물 반도체 연구소를 위해 사내 투플로우 MOCVD장치와 디바이스 프로세스, 어셈블리 공정 등을 다시 쭉 둘러보게 되었습니다. 잠시 동안 이러한 현장에서 멀어져 있었기 때문에 확인할 필요가 있었습니다. 그런데 오랜만에 사내 설비를 확인하곤 깜짝 놀랐습니다. 어느새 거금을 투입해 새로운 장치가 번쩍번쩍 진열되어 있었고, 그 속에서 많은 연구자가 일하고 있었습니다. 지금까지 저와는 인연이 없었던 고급장치들이 한두개가 아니었습니다. 그리고 똑똑해 보이는 연구자들까지.

지금까지 '제로'라는 허허벌판에서 자력으로 이만큼 쌓아올렸습니다. 개발과 실태도 저 혼자였습니다. 아무도 도와주지도 않았습니다. 그런데 지금은 고급 장치들이 번쩍거리며 들어섰고 우수한 사원들이 많이 들어와 있었습니다. 왠지 허무한 마음이 들었습니다. 과거에 진이 빠지게 고생했던 건 과연 무엇이었을까. 격세지감을 느끼며 앞으로 이 회사에서 연구를 지속해나가는 데 환멸도 느꼈습니다. 더더욱 그만두겠다는 마음이 강해졌습니다.

❙ 캘리포니아에서 도착한 이메일

1999년 1월 그렇게 우울한 나날을 보내던 제가 어느 날 학회에 참석했을 때 일입니다.

"그러고보니, 캘리포니아대학 로스엔젤레스교이하 UCLA에서 우수 교수님을 초빙하고 싶다는 얘기를 들었는데, 한 번 생각해봐"

오랜만에 만난 교토대학 M교수님이 UCLA공대 중국인 교수님으로부터 좋은 사람을 추천해달라는 부탁을 받았다고 합니다. 재료물리 쪽으로 약했던 UCLA가 특별책으로 교수를 보강하려는 것 같다는 말을 덧붙였습니다.

저는 고민했습니다. M교수님께도 애매한 대답을 했던 것 같습니다. 회사를 그만두고 싶다는 마음은 있었지만 막상 그것이 현실화되자 좀처럼 결단을 내릴 수 없었습니다. 그러나 바로 UCLA에서 이메일이 도착했습니다. M교수님께서 말씀하셨던 중국인 교수님, 투 박사한테서 온 메일이었습니다.

'꼭 한번 우리 대학에 들려주세요. 겸사겸사 국제학회를 참석할 겸, 들려주시면 함께 얘기를 하고 싶습니다'

라는 내용이었습니다.

청색 반도체 레이저 개발이라는 목표가 생긴 뒤부터 저는 다시 정기적으로 학회에 얼굴을 내밀게 되었습니다. 학회에 가는 건 아주 좋은 기분전환 여행과 휴식이 되기도 합니다. 젊을 때는 비행기를 타는 게 무서웠는데, 지금처럼 이렇게 여행광이 될 줄은 꿈에도 몰랐습니다. 미국대학에 관심도 약간 있었습니다.

마침 미국에서 열린 학회에서 돌아오는 길에 잠깐 얘기정도 하고 올 생각으로 UCLA를 방문했습니다. 투 박사님은 저를 반겨주었습니다. 대학 시설을 직접 안내해주시곤, '좋은 조건을 드릴 테니 꼭 우리한테 와주세요'라며 열심히 권유했습니다.

그러나 회사를 그만두고 미국에서 대학교수가 된다는 말이 현실적으로 다가오지 않았습니다. 우선 생각해보겠다고 하고 돌아왔습니다. 그 뒤로도 투 박사는 어떤 조건이라도 말해보라며 이메일을 계속해서 보냈습니다. 대충 거절하기 위해 조건을 많이 달아 답장을 보냈습니다.

'대학에서 학생들을 가르친 경험이 없으니 강의는 못하겠다.'고 하니 '그럼 강의는 안 해도 되는 조건으로 하겠다'는 답이 왔습니다. '미국은 치안이 걱정이다'라며 고민하니, '가족과 같이 살 수 있는 집은 로스앤젤레스에서 가장 안전한 장소로 찾겠다'는 대답이 왔습니다. 월급도 꽤 높은 액수를 제시했습니다. 이러한 조건들을 UCLA는 전부 들어주었습니다.

거절할 이유가 없었습니다. 투 박사도 '이 이상 또 뭐가 문제가 있나? 만약 조건이 있으면 무슨 말이라도 해라'며 재촉했습니다. 저는 점점 마음이 쏠렸습니다. 회사를 그만두겠다는 마음이 점차 커졌습니다. 멍하니 니치아화학에 입사했던 때를 떠올렸습니다. 거의 20년 동안 약 3년 주기로 무언가를 개발해냈고, 기술혁신 break through 을 이룩했습니다. 1년째에 시동을 걸어, 2년째에 밑바닥으로 떨어져 3년째에 성공이라는 사이클로 말입니다.

거의 잊고 있었던 감각이 주마등처럼 스쳐 지나갔습니다. 밑바닥과 집중. 실패해 낙담하고 고독 속에서 집중해 몰두하는 나날.

아슬아슬한 고난에 내몰려 죽기 살기로 거기에서 기어올라 기술 혁신break through 을 향해…….

이런 상황이 괴롭지 않다고 말하면 거짓말일 것입니다. 그러나 지금의 니치아화학의 생활과 비교하면 얼마나 흥분되는일입니까? 현재 니치아화학의 생활은 냉탕도 온탕도 아닌 아이들이 뛰어노는 미지근한 물처럼 느껴졌습니다. 절벽으로 내몰리고 떨어지고 집중하는 것이 연구자로서 그리고 한 인간으로서 얼마나 중요한지 다시금 깨닫게 되었습니다. 그리고 그것이 또 나의 강점, 가장 큰 장점이었습니다. 그리고 지금처럼 하면 바보가 되겠다는 초조함과 위기감이 우르르 나를 덮쳤습니다.

만약 UCLA로 가면 어떻게 될까. 아무리 강의를 안 한다고 해도 미국대학에서 연구생활이 시작되는 것입니다. 익숙한 도쿠시마 시골생활하고는 전혀 다른 환경이 펼쳐집니다. 생활습관도 다르며 언어 장벽도 있을 것입니다. 무엇보다 미국인친구들에 비해 제 영어 독해력은 10분의 1이하일 것입니다. 연구가 잘 되리라는 보장도 없습니다. 즉 제로0에서 재출발하게 됩니다. 회사에서 고생할 때는 아무 생각 없이 주어진 상황 속에 몸을 가져다 놓았습니다. 그러나 앞으로는 스스로 자원해 과혹한 환경에 자신을 몰아넣지 않으면 다른 누구도 저를 구렁텅이 속으로 밀어넣지 않을 것입니다.

이대로 회사에 남으면 '이런, 제길' 욕을 하며, 분노를 원동력으로 바꾸는 일이 점차 줄게 될 것입니다. 다시 한번 '이런 제길'

욕하며 이를 꽉 무는 상황으로 나를 옮겨놓자. 그렇게 하면 아직도 더 발전할 수 있으리라 절실히 생각했습니다. 일본과 미국을 왕복하는 비행기 안에서 이러한 생각을 몇 번이나 했습니다. 정말 고민 많이 했습니다. 저는 지금 40대. 이 기회를 놓치면 두 번 다시 없을 거라 생각했습니다.

청색 LED 제품화 발표 직후 쓰러져 하반신 불수가 된 어머니도 열심히 재활훈련을 한 결과 그럭저럭 자유롭게 말할 수 있게 되었습니다. 아버지도 아직 건강해 어머니를 돌보고 계십니다. 근처에는 형님과 동생이 살고 있어서 그 점은 걱정할 것이 없었습니다.

남편이자 아버지인 저는 회사를 그만두고 미국에 이사를 가야 할지 고민하고 있었습니다. 당연할 수도 있지만, 그때까지 고민을 아내와 딸들에게 털어놓은 적이 없었습니다. 어쩌면 처음 있는 일입니다. 즉, 가족들에게 상담한 시점에서 이미 저는 결론을 내리고 있었던 건지도 모릅니다.

| 미국행 결의

저는 딸만 3명 있습니다. UCLA에서 제의가 왔던 1999년 당시 장녀는 21살, 연년생인 둘째는 19살, 셋째가 14살이었습니다. 막내를 빼면 모두 반항기를 지나 부모 품을 벗어날 때였습니다.*

* 편집자 주: 일본은 만나이가 통용되며 생일을 기점으로 나이를 계산함

장녀는 오사카에 있는 외국어대학에 진학했기 때문에 이미 떨어져 생활했고, 둘째는 고등학교를 졸업하고 미국 대학에서 유학 중이었습니다. 막내도 호기심이 왕성하고 스포츠를 좋아하는 말괄량이였습니다. 특히 농구를 잘해 농구가 인기 종목인 미국에 관심을 가지고 있는 것 같았습니다.

결혼한 뒤 쭉 도쿠시마대학 부속유치원에 근무했던 아내도 약 3년 전부터 허리를 다쳐 체력적으로 일을 계속할 수 없게 되었습니다. 어린 아이들을 업어 돌봐야 했던 유치원 선생님에게 요통은 직업병 같은 것이었습니다.

아무리 가정에서 직장 얘기를 안한다 해도 아내는 제 고민을 어렴풋이 알고 있었습니다. 그뿐만 아니라 회사에서 제가 받는 부조리한 대우에 관해 아내는 자주 비난했습니다. 시골은 남 욕하기 좋아하는 사람이 많습니다. 그래서 나에 대한 소문을 들었는지도 모릅니다.

먼저 장녀와 막내에게 '사실 미국 대학에서 오라고 한다'는 얘기를 꺼냈습니다. 걱정되는 것은 미국 고등학교로 전학가야 하는 막내였습니다. 간다면 이민 갈 각오라고 말하자 둘 다 금방 대찬성이었습니다. 그렇게 좋은 조건이 너무 아깝다며 가자고 성화였습니다. 놀러가는 것도 아닌데 그런 가벼운 마음으로 방방 뛰어다니니 얼떨떨할 정도였습니다. 아내도 역시 딸들이 괜찮다면 나도 상관없다며 한 마디 거들었습니다.

마침 여름 방학 전, 미국에서 둘째도 귀국했습니다. 먼저 미국에서 학교를 다니는 둘째는 미국 생활이 너무 좋다고 합니다. 이렇게 딸 세 명이 나를 둘러싸고 매일같이 가자고 졸라댔습니다. 결국 여자들에게 등 떠밀려 미적거렸던 저도 미국에서 재출발할 결심을 했습니다.

그러나 어찌 보면 살 장소도 근무처도 바뀌는, 인생의 대전환기였습니다. 실패가 허락되지는 않았습니다. 제가 상식도 모르고 세상 물정도 모르는 사람이라는 건 스스로 알고 있었기 때문에 먼저 여러 사람들의 얘기를 들어 미국 생활과 대학 사정 등에 대해 정보를 수집하기 시작했습니다.

여자4명에게 떠밀려 미국에서 새 출발할 결심을 단행.

I 십중팔구 확정했던 미국계 기업

투 박사 설명은 꼼꼼히 숙지했지만, 미국 대학에서 UCLA가 어떤 위치에 있는 곳인지, 제시된 조건이 상대적으로 좋은지 나쁜지 알아볼 필요가 있었습니다. 더 이상 후회하는 건 싫었습니다. 다른 사람이 정한 대로 따라왔던 지금까지와는 다른 인생을 헤쳐나가야 했습니다. 행동을 하기 전에 되도록 자세하게 조사하고 납득이 가지 않으면 다른 길을 가겠다는 의미는 없었습니다.

미국인 친구들과 상담하기로 했습니다. 대학에 관해 물어보기로 했으니 대학 교수가 상담상대로 걸맞을 것 같았습니다. 국제학회에 참석할 때마다 테이블 구석에서 친구를 붙잡고 'UCLA에서 이런 조건으로 오라고 하는데'라며 얘기를 꺼냈습니다. 그러자 그들은 하나같이 'UCLA는 안 좋아. 온다면 우리 대학이 제일 좋아'라며 반대로 자기들한테 오라는 것입니다. 스탠포드대학 교수님은 '무조건 스탠포드가 좋아'라 말하고, 노스캐롤라이나대학 교수님은 '당신한테 맞는 곳은 노스캐롤라이나 밖에 없어'라고 추천합니다. UCLA를 욕하는 말밖에 들을 수 없었습니다.

일본 대학에서 같은 분야의 교수님끼리 '우리한테 오세요.'라며 서로 싸울 정도로 그들이 이렇게까지 오라는 이유는 금방 알 수 있었습니다. 같은 연구 분야의 뛰어난 교수님들이 같은 대학에 모여 있을수록 유리하기 때문입니다.

미국에서는 교수님 대부분이 자신의 회사를 가지고 있거나 창업에 관여하고 있습니다. 그런 회사들이 투자자에게 제출하는 연구기획안에 유명한 연구자 이름이 들어있으면 그만큼 자금 조달이 쉬워지는 셈입니다. 대학 측에서도 우수한 연구자가 있으면 기업으로부터 연구자금을 끌어올 수 있는 메리트가 있었습니다. 즉, 교수님이나 대학이나 우수하고 유명한 연구자를 필요로 했습니다. UCLA가 집요하게 재촉한 것도 이러한 이유였을 것입니다.

우왕좌왕하는 사이에, 제가 상담했던 친구들이

'어쩐지 나카무라는 니치아화학을 관두고 미국에 오고 싶어 하는 것 같아'

라는 애기가 미국 전체 학계에 쫙 퍼지게 되었습니다. 미국인은 말하기 좋아하는 사람들이기 때문에 이러한 화제는 파티 석상에서 회자됩니다. 그러자 미국 전역의 대학과 기업에서 '꼭 우리한테 와 달라'는 제의도 왔습니다. 대학 10군데, 기업 5군데로 마지막까지 추렸습니다. 그러자 욕심이 생겼습니다. 선택지가 늘었기 때문에 더 신중하게 선택해야 했습니다.

일본 대학과 기업으로부터는 전혀 제의가 없었습니다. 그러나 신경도 쓰이지 않았습니다. 제가 그만두려는 걸 몰랐을지 모르지만, 만약 제의가 왔다 해도 갈 마음은 없었습니다. 왜냐면 니치아화학이 싫어져서 관두고 싶은 마음이 생긴 게 미국으로 가려는 가장 큰 이유가 아니었기 때문입니다. 대학과 기업을 포함해 모든 일본의 조직은 어디든지 비슷합니다. 대학에서도 권위주의적인 부분이 아직 뿌리 깊게 남아 있으며 어떤 대기업 연구자라도 샐러리맨이라는 데 변함이 없었습니다.

조직을 위해 일하는 게 당연했습니다. 달콤한 열매는 조직이 모두 빨아먹었습니다. 한 사람이 개인적으로 얼마큼 큰 성과를 올리든, 그에 합당한 평가를 받는 일은 일절 없었습니다. 자신의 환경을 바꾸고 싶었던 게 가장 큰 목적이었습니다. 그러기 위해 어떤 고생도 달게 받겠다는 대신, 처우 면에서는 철저하게 내 주장을 관철시키고 싶었습니다. 어차피 하는 고생이 같다면 되도록 월급이 많고 안전하며 좋은 환경을 선택해야겠죠.

본심을 말하면 미국에서 대학보다 기업으로 가고 싶다는 마음이 강했습니다. 수입 면에서도 좋고 제가 불안해하는 강의도 없습니다. 순수하게 연구에만 집중할 수 있습니다. 단, 회사를 그만두겠다는 결심을 했다 해도 아직 한 회사의 사원이기에 타 기업 사람들과 접촉할 때는 비밀누설에 신경을 꽉 썼습니다. 아무리 세상 물정 몰라도 오랫동안 연구직 샐러리맨이었습니다. 그 점에 관해서는 누구보다도 잘 알고 있었습니다.

그래서 저는 반도체나 광디바이스와는 전혀 관련 없는 기업에 근무하는 친구에게 은근슬쩍 사정을 물어보기로 했습니다. '미국에서 가족과 살게 된다면 어디가 좋을지' 라든가 '질화물 계통 연구는 어느 대학이 뛰어난지' 등. 그러자 그들은 이구동성으로

'사는 곳은 캘리포니아주 산타바바라가 좋아. 치안도 좋고 기후도 좋아. 미국인이 퇴직해서 살고 싶어 하는 곳이 산타바바라나 같은 캘리포니아에 있는 샌디에고야'

라고 대답해 주었습니다. 또 '질화물 분야를 대학에서 연구한다면 캘리포니아대학 산타바바라University of California, Santa Barbara, 이하 UCSB가 세계 1등이야. 교수진도 학생들도 우수해' 라며 덧붙였

습니다.

즉, 가족을 불러 함께 살기도, 질화물연구를 계속하기에도 캘리포니아주 산타바바라의 UCSB가 가장 적합한 셈이었습니다. 그러나 UCSB에서 제의는 오지 않았습니다. 저는 바로 UCSB 재료물성 공학과 교수, 스티브의 얼굴을 떠올렸습니다. 1995년 어느 국제학회에서 알게 됐는데, 저와 같은 LED나 레이저연구를 하고 있어서 아주 사이가 좋았던 친구였습니다. 그 뒤 '스티브'라고 미국식으로 이름만 부르게 되었는데, '만약 미국에 간다면 UCSB는 어때'라고 상담하니 바로 '꼭 우리한테 와'라는 대답이었습니다. 단순한 우정이 아니라 제가 가면 그들 연구와 대학에 유리해지기 때문일 것입니다.

물론 투 박사한테 제 생각을 알렸지만, 이 시점에서 이미UCLA에 대한 제 우선순위는 멀어졌습니다. UCSB를 처음으로 방문한 게 1999년 9월. 학회를 겸해 잠깐 들렀습니다. 그러자 스티브가 대학을 속속히 안내해 주었습니다. 그리고 여러 교수님들을 소개시켜 주었습니다. 그들과 많은 대화를 나누고 막간 강연도 하게 됐습니다. 이것은 들어가기 전 면접시험과 같은 것으로 제 인품이나 능력을 판단하는 자리였습니다.

캘리포니아대학University of California, UC.은 캘리포니아주 각지에 분포한 분교로 구성된 거대 종합대학입니다. 그 계열은 본부가 있는 버클리Berkeley 와 UCLA Los Angeles , UCSDSan Diego 정도가 유명합니다. UCSBSanta Barbara는 그 중에서도 비교적 소규모로 소수정

예라는 분위기가 눈에 띄었습니다. 총장과 스스럼없이 얘기할 수 있는 자유로운 분위기가 있었습니다. 맘모스화 되어 가는 버클리나 UCLA에는 없는, 사람과 사람 간의 직접 커뮤니케이션이 가능한 사이즈였습니다. 저는 그게 심적으로 편안했습니다.

그 뒤, 혼자서 2번 정도 산타바바라에 가서 동네 분위기도 살펴보고 주변 환경도 둘러보았습니다. 로스엔젤레스 북서쪽 약 150km 떨어진 곳에 위치한 산타바바라는 기후도 온난하고 치안도 좋은 해안가 관광지였습니다. 바다와 산이 어우러져 있고 어떤 미국인이라도 동경을 품는 장소임에는 틀림없었습니다. 일본식 레스토랑도 많고 일본식 자재도 손쉽게 구할 수 있는 장소였습니다. 로스앤젤레스까지 나가면 일본 상품은 대부분 구할 수 있었습니다. 단, 고급주택지라 물가는 약간 높았습니다. 특히 당시 미국 경기가 좋아 부동산이 비쌌습니다.

그러나 UCSB로 결정하면 학생 강의를 맡아야 했습니다. 그것이 제에겐 큰 불안요인이었습니다. UCLA는 강의는 안해도 되지만, 학문적인 레벨로 질화물 분야는 약하며, 로스엔젤레스라는 대도시에서 살아야 해서 매력적으로 다가오지 않았습니다.

사실, 미국으로 이민 가기로 정한 시기부터 미국계 반도체회사가 좋은 조건으로 계속해서 제의해 왔습니다. 역시 기업에서 일하고 싶다는 마음이 컸던 저는 1999년 10월 정도까지 그 기업으로 이직하려는 생각뿐이었습니다. UCSB로 영입하기 위해 고생했던 스티브한테도 '미안해. 역시 대학 쪽은 아닌 것 같아. 기업으로 들어가려고 생각해. 수입도 좋고 강의를 해야 할 스트레스도 없으니까'라고 전했습니다. 그러자 그는 '어쩔 수 없지. 내가 자네라도 그렇게 결단 내렸을 거야'라며 아쉬운 말을 전했습니다. 니치아화학을 관두고 미국기업 사원연구원으로 일한다는 사실. 이것이 현실화되려고 하던 참에 또 다시 저는 의외의 말을 들었습니다.

| 떠나는 물새, 물가엔 흔적도 없이

1999년 10월 하순 무렵, 학회에서 만난 스티브가 저한테 이렇게 조언을 해주었습니다. '나카무라, 니치아화학에서 네가 소송당할 가능성이 높을 거야'라고. 순간적으로 'accused of trade secret leakage'라는 영어를 일본어로 해석하는 데 시간이 걸렸습니다. 아! '기업 비밀누설로 소송 당한다'는 뜻이구나!

깜짝 놀랐습니다. 동종업종 미국 기업으로 전직할 경우, 기업 비밀침해죄에 해당할 가능성이 있었기 때문입니다. 제 표정이 얼마나 경직되었는지 스티브가 안심시키려 '그러나 대학으로 전직할 경우, 직접 이윤을 창출하는 제품을 만드는 게 아니니까 소송당할 위험성은 없어. 이젠 자넨 우리 대학으로 올 수밖에 없어'라는 말을 해 주었습니다.

일본의 경우, 어디에서 어디까지 기업 비밀로 할지 그 범위는 너무 애매하고, 판례도 아직 부족합니다. 확대 해석하면 사원이

동종업계 회사로 이직한 것만으로도 비밀 누설이 일체 없었다 하더라도 죄를 물을 수 있게 됩니다. 항상 그렇듯이 구태의연한 일본 법조계에서 기업 측만 유리하고 사원한테는 불리한 판단이 나오는 경우도 드물지 않습니다.

일생 동안 한 기업에 인생을 바치는 종신 고용 시스템이 기능해 왔던 일본의 경우, 취업 유동이 심한 현재의 흐름에 법률이 아직 따라오지 못하고 있습니다. 다시 말해 개인한테는 이직하기 힘든, 아주 경직화된 제도가 남아있는 셈입니다.

전직이 드물지 않은 풍토인 미국의 경우, 과거에 이러한 사례들이 많이 있었습니다. 판례도 많이 쌓여 어디서부터 기업 비밀에 해당되는지 정확히 명시되어 있습니다. 그렇기 때문에 미국에서는 기업 비밀문제가 아주 엄격하고, 그것만 정확히 엄수하면 아무 문제도 없습니다. 실제로 미국에서는 많은 사람이 경쟁사로 이직하고 있습니다. 더구나 개인의 권리를 존중하는 기본이념도 확고해서 기업에만 유리한 판결이 나온다고 말할 수 없는 사회입니다.

물론 제가 전직하려고 했던 곳이 미국 기업이기 때문에 만약 니치아화학이 제소한다 해도 미국 재판소에 소송을 걸게 됩니다. 저는 고뇌에 빠졌습니다. 기업 비밀침해죄는 설계도나 시제품과 같이 구체적인 물건을 가져가지 않더라도 무형의 기업 비밀이라는 지식을 누설하는 것 자체가 죄에 해당됩니다. 이것은 일본에 국한되지 않고 어느 나라 법률에서도 동일합니다. 제2의 인생 출발을 앞두고 쓸데없는 짐들은 되도록 짊어지기 싫었습니다. 더 이상의 고민은 지겹다는 심경으로 결심했습니다. 'UCSB로 하자'. 9회 말 대역전극과 같이 결단을 내렸습니다. 가족한테도 그렇게 알렸고 스티브에게도 다시 잘 부탁한다는 이메일을 보냈습니다. 머릿속엔 미국으로 가는 것과 전직 생각뿐이었습니다. 거기에다 기업 비밀문제로 골머리를 썩고 있었습니다.

그때 저한테는 자세히 기업 비밀문제를 조사할 시간이 없었습니다. 그것이 귀찮아서 기업을 포기하고 대학에 갈 결심을 한 것이었습니다. 좀 더 자세히 조사해 미국에서는 기업 비밀문제에 해당하지 않는다는 걸 알았다면, 100% 기업으로 갔을 게 뻔합니다.

기업이든 대학이든 미국으로 떠날 생각을 확정했기에 남은 일은 회사를 사직하기만 하면 되었습니다. 그러나 이때 질화물 반도체 연구소를 혼자 이끌었고 있었기 때문에 아직 조사 작업 등 진행하고 있는 일이 있었습니다. 어쩐지 마음 한 구석에서 '진짜 회사를 그만둘 수 있을까?' 결단을 내리지 못했고, 현실과 동떨어진 남 얘기처럼 생각한 것도 사실입니다.

11월쯤부터 책상 주변을 정리하고 청소하기 시작했습니다. 자료는 쓰레기통에 버리고 정리를 시작했습니다. 필요 없는 과거 논문도 전부 버렸습니다. 옛날에 연구했던 적외선 LED에 관한 자료도 전부 파기했습니다. 기본적으로 논문을 제외하고는 전부 파기했습니다. 자리 주변이 엉망진창이었던 제가 갑자기 정리를 하자 젊은 부하들과 여자 사원들이 불안해하며 '나카무라 선배, 뭐하시는 거에요?' 라고 물으며 동태를 살피러 옵니다. '뭐하긴, 보면 알잖아. 청소하고 있잖아' 라고 대답하면 '설마 그만두시려는 건 아니죠?' 라고 물고 늘어져서 당황했습니다. 이런 작업을 1개월 정도 하는 도중에 책상 위나 주변이 몰라볼 정도로 깨끗해졌습니다. 동시에 심적으로도 정리가 되었습니다.

'떠나는 물새, 물가엔 흔적도 없이'

라는 말처럼 발자국을 남기지 않은 조용한 물가를 바라보는 기분이었습니다. 너무나도 산뜻하고 상쾌한 심경이었습니다. 뒤가 켕기는 듯한 기분은 눈곱만큼도 없었습니다.

개발부 부장에게 사표를 제출한 것은 1999년 12월 27일. 그해 종무식 전날이었습니다. 그러자 결정권을 가지지 못한 부장이 '사장님께 일단 물어보겠다' 는 말밖에 하지 못합니다. 물론 저는 사장이 뭐라 하든 결론은 매한가지였습니다. '내일부터 더 이상 회사에 나오지 않겠습니다' 라는 말을 남기고 집에 돌아갔습니다.

그날 밤, 회사로부터 온 이메일을 확인했습니다. '내일 종무식이 있으니, 사원들 앞에서 작별인사를 했으면 좋겠다. 그와 동시에 퇴직 처리를 하겠다' 라는 내용이었습니다. 20년간 재직했던 회사였습니다. 회사 측은 제가 깨끗하게 마무리하길 바랐는지 모릅니다.

회사를 그만두고 좀 지나자 UCSB에서 스티브와 우메쉬 박사님이 계약서를 가지고 일본에 찾아왔습니다. 두 분 다 대학 직원이 아니라 대학교수였지만, 저와 사이가 좋았기 때문에 UCSB측에서 배려를 한 것입니다. 그들의 출장비는 전부 대학이 부담했습니다. 비즈니스 클래스로 와서 가장 비싼 호텔에 묵었으며 웃으며 미국에 돌아갔습니다.

'청색 LED를 개발할 때 고생 많이 하셨죠?'라는

말을 많이 듣지만, 그것은 틀립니다.

오히려 유쾌하고 즐겁게 해왔습니다.

그보다 앞선 10년 동안이 훨씬 힘들고 괴로웠습니다.

저에게 기술혁신break through은

고통과 괴로움의 결과가 아닙니다.

즐겁고 재미있게 해오다 어떤 형태로 표출된 것입니다.

제4장

아메리칸 드림

신혼집을 정하다

2000년 새해가 밝았습니다. 저에게는 새로운 인생의 시작이었습니다. 설날에는 UCSB가 우리 가족을 산타바바라에 초대해 주었습니다. 집도 구하고 휴양도 할 겸 오랜만에 가족여행이었습니다. 처음엔 아파트를 빌려 살 생각으로 아내와 딸들과 함께 많은 곳을 돌아보았습니다.

그러던 중 스티브와 우메쉬 교수가 '고급주택지인 산타바바라는 미국에서는 투기지역이야. 요 몇 년 동안 집값이 매년 10%이상 올라가고 있어. 아파트를 빌리지 말고 큰 맘 먹고 사는 게 좋을 거야' 라고 끊임없이 꼬드겼습니다.

미국은 내 큰 꿈을 실현시켜 주었다

거의 매일 UCSB 교수실에 출근. 사색에 빠진다

둘 다 집을 구매해 실제로 산 가격보다 2배 이상 올랐던 건 사실이었습니다. 그보다 좋은 아파트도 잘 구해지지 않았습니다.

좀 망설이다가 대학 측에서 대출을 도와주어 부동산에 좋은 물건을 부탁하게 되었습니다. 그러다 2번째로 본 산타바바라 호프런치라는 지역에 있는 물건이 가격도 적당하고 살기에도 좋아보였습니다. 전 집주인이 꽃을 좋아했는지 겨울인데도 정원에는 많은 꽃이 피어 있었습니다. 아내는 꽃을 가꾸는 게 취미여서인지 한눈에 마음에 든 것 같았습니다. 딸들도 '진짜 깨끗하다. 아빠, 여기가 좋아' 라며 전원 찬성이었습니다. 결국 구입하기로 결정했습니다.

가격은 약 1억 1천만 엔. 약간 비쌌지만 호프런치는 고급주택가 산타바바라에서도 살기 좋기로 유명한 지역이었습니다. 원래 목장런치이었던 토지를 택지로 분양했기 때문에 일정한 면적 이하로 분할하는 건 금지되어 있었습니다.

그 지역에는 브래드 피트 신혼집과 케빈 코스트너 별장도 있었고 훌륭한 골프 코스도 딸려 있었습니다. 대학에도 가깝고 산타바바라 중심가로 가기에도 편리했습니다. 차로 조금만 이동하면 태평양이 펼쳐진 아름다운 해안가도 나왔습니다.

이미 일본으로 돌아갈 마음이 조금도 남아있지 않았습니다. 미국에서 영주권을 취득해 계속 살기 위해, 가족들이 편히 쉴 수 있는 집이 절대적으로 필요했습니다. 1억 엔이 넘는 집을 사는 건 제 자신을 벼랑 끝으로 내몰아 절벽으로 밀치기 위한 수단 중 하나였는지 모릅니다. '여기서 뿌리내리고 살자'는 결의를 표명한 것이기도 했습니다.

I 일본의 교육제도가 문제

우리 가족은 2월 초까지 일본에서 이사 준비로 밤낮이 없었습니다. 그 뒤 아내와 딸들을 도쿠시마에 남겨두고 저만 먼저 산타바바라로 출발. 남은 가족들은 도쿠시마에 남아 이사 준비를 하고 나중에 합류하기로 했습니다.

정식으로 UCSB에 부임한 것은 2000년 2월 19일이었습니다. 그 후엔 차로 15분 거리인 대학과 호프런치 집을 왔다 갔다 하는 생활이었습니다. 해야 할 일이 산더미처럼 있어서 잠시 동안 바쁘게 지냈습니다.

미국대학에 다니기 시작해 우선 실감한 것이 그 분위기가 일본대학과 너무 다르다는 것이었습니다. 먼저, 학생들이 공부하는 시간과 분량을 보고 너무나 놀랐습니다. 모두 부지런하게 자기가 좋아하는 과목과 연구과제에 집중하고 있었습니다. 공부를 향한 열의도 있었지만, 졸업하기 어렵게 만든 미국 대학시스템이 작용한 것이겠지요.

미국은 고등학교까지 의무교육. 대학으로 진학하는 학생만 있는 게 아닙니다. 또 대학은 졸업하기는 어렵지만 일본에 비해 들어가기는 쉽습니다. 예를 들어, 캘리포니아 주립대학에는 평점 상위 12.5%이내의 학생이라면 기본적으로 누구라도 입학자격이 있습니다. 좋아하는 과도 비교적 자유롭게 정할 수 있습니다. 미국 전역에는 좀 더 들어가기 쉬운 공립대학도 많을 것입니다. 반대로 말하면, 단순히 대학에 들어가는 것 자체는 그리 대단한 일은 아닌 셈입니다.

미국인의 가치관은 일본인처럼 학력 편중이 아닙니다. 고등학교만 졸업하고 직장을 구하거나, 전문대학college으로 진학해 전문교육을 받는 아이들은 대졸이 아니라고 해서 움츠러들거나 하지 않습니다. 그러나 미국 아이들은 고등학교까지 스포츠나 좋아하는 취미에 몰두해 공부를 많이 안 하는 것도 사실입니다. 게으른 아이도 많고, 당연히 뒤처지는 아이들도 많습니다. 즉, 대학에 진학해 출세하는 것도 자유, 뒤처져서 나락으로 떨어지는 것도 자유입니다.

일단 대학에 들어와서도 진급시험이 어렵기 때문에 중퇴하는 학생이 많으며 졸업하는 것도 어렵습니다. 명문대 중퇴라는 이력을 과시하는 일본과는 다릅니다. 대학을 가는 것도, 그 학문을 하는 것도 모두 자신이 선택한 길. 그러니 열심히 공부하고, 좋아하는 분야라서 학문도 자기 것이 됩니다. 그리고 그중에서 특출한 영재가 갑자기 나타나 주위를 놀라게 합니다.

일본은 정반대입니다. 고등학교 졸업 전까지는 좋아하지 않는 과목도 억지로 머릿속에 집어넣고 힘들게 들어간 대학에서는 놀기 바쁩니다. 모두 평균 레벨. 천재는 없습니다. 게다가 미국에서는 대학 교수님들도 자유분방해 자기 인생을 마음껏 즐기는 사람뿐입니다. 특히 이공계학과 교수님들 대부분은 자기 회사를 가지고 있어 사업도 정열적으로 하고 있습니다.

학생들이 필사적으로 공부하고 있기 때문에 강의할 때도 힘이 납니다. 언제 날카로운 질문이 날아올지 모르기 때문입니다. 저도 뒤처지지 않도록 강의 연구에 여념이 없습니다. 미국과 일본의 이러한 차이를 교육제도의 차이라 한마디로 말하면 그뿐이지만, 질식할 것 같은 일본의 상황에 비해 너무나 격차가 크게 느껴졌습니다. 분명 일본에서도 최근 교육 개혁의 목소리가 일기 시작하고는 있습니다.

왕따나 자살의 급증, 다양한 사건을 일으키는 청소년범죄 처럼 구체적인 문제가 있습니다. 국제적 학력테스트에서 일본의 순위가 내려가고 있다는 데 대한 위기감도 있을 것입니다. 이공계 기피 현상이 나타나는 것도 걱정입니다. 그러나 그 문제를 해결하기 위해 거론되는 것은 학급정원을 절반으로 줄이기, 수업을 주 5일제로 하기, 교과서 내용을 더 쉽게 하기…… 그 어느 것도 근본적 해결방법이 되지 않을 것이라 생각합니다. 무엇이 가장 큰 문제일까요. 일본 대학입시제도 그 자체가 문제라 생각합니다. 그러나 그걸 알면서도 아무도 거론하지 않습니다. 대학입시가 문제라는 건 모두 알고 있으면서도 팔짱을 끼고 개혁을 단행하려고 하지 않습니다. 참을 수 없을 정도로 너무 이상합니다.

아마도 이러한 문제 해결을 방해하고 있는 사람은 자기 지위를 무너뜨릴 수 있는, 개혁을 극단적으로 싫어하는 사람들일 것 같습니다. 지금 일본을 망치고 있는 원흉입니다. 기존시스템에 빌붙어 생활하는 사람들, 특히 노인들이 훼방꾼으로 방해 놓고 있는 게 확실합니다. 대학입시가 문제라면 그 걸 없애면 됩니다. 대학입시 즉시 완전 폐지. 이것이 가장 효과적이고 즉효의 처방입니다.

교육 본래의 목적은 무엇일까

도쿠시마대학에 입학했을 때부터 저는 마치 무언가 홀린 듯 대학입시로 대표되는 일본 교육제도에 증오를 품었습니다. 대학 수업에 가지 않고 은둔형 외톨이 생활을 했던 시기도 그 탓이었으며, 입시시험 면접에서 '일본에서 악의 축은 대학입시'라고 주장했던 것도 그러한 생각 때문이었습니다.

그 뒤 지방 중소기업에서 약 20년간 샐러리맨 생활을 했습니다. 연구직이라는 한 사원으로, 회사나 상사의 꼭두각시 인형이 되어 일을 했습니다. 그래도 처음 10년간은 아무런 의문도 품지 않고 죽어라 개발에 전념했습니다. 회사가 '네가 잘못했다'라고 하면 '맞아, 내가 잘못했지'라며 수긍했고, '상사가 '이것을 개발해 제품화해라'고 명령하면 그 말을 금과옥조金科玉條*처럼 믿고 행동해왔습니다.

샐러리맨일 때 저는 고등학교를 졸업하기 전까지 무식했던 저와 완전히 같았습니다. 중학교, 고등학교 때 선생님의 가르침을 순진하게 믿고, 학교에서 '대학시험이 전부다'라고 하면 의문도 없이 좋은 대학을 나와 좋은 회사에 들어가는 것을 목표로 공부했습니다. 이러한 일을 뒤돌아보니, 사회인이 되고 나서도 저는 일본 교육제도라는 속박에서 아직 벗어나지 못했던 것 같습니다.

그러나 딸이 태어나고 그들이 점점 대학시험제도, 교육환경 속에서 짓눌리고 있는 것을 깨달았습니다. 초등학교 저학년 때부터 갑자기 밖에 나가 놀지 않자 이상하다고는 느끼고 있었습니다. 딸에게 이유를 물으니 역시였습니다.

"왜 밖에 나가 놀지 않아?"

"같이 놀 친구들이 모두 학원에 다녀서 나가 놀 친구들이 없어."

학원에 가면 같이 놀 친구들이 있었습니다. 딸들은 어쩔 수 없

*** 편집자 주: 금이나 옥처럼 귀중히 여겨 아끼고 받들어야 할 규범**

이 학원생활을 시작했습니다. 모처럼 자신이 좋아하는 것, 하고 싶은 것이 있는데 공부만 해야 하는 상황. 미래의 꿈을 포기하고 공부에 짓눌려 가는 딸들…….

제 마음 속에 원래 일본 교육제도에 대한 강한 분노가 있었기 때문에, 이러한 딸들의 모습에 더욱 분노가 치밀었습니다. 답답해서 견딜 수 없었습니다. 그러나 가엾지만 제가 어떻게 할 방법이 없었습니다. 그때만큼 자신의 무력함을 한심하게 느꼈던 적은 없었습니다.

이렇게까지 일본의 대학입시제도를 증오하게 된 이유는 '인간의 개성과 가능성을 질식시켜 버리는 시스템'이기 때문입니다. 좋은 대학에 들어가면 좋은 회사에 들어갈 수 있고, 남부럽지 않은 생활을 보낼 수 있다는……. 이러한 환상 속에서 일본의 어린이들은 어릴 때부터 계속 수능시험 공부를 강요당하며 자라납니다.

그러나 현실은 단 한 번뿐인 입시에서 얼마나 높은 점수를 따느냐에 따라 거의 모든 것이 정해집니다. 게다가 그 시험은 암기중심이어서 지식이 편중될 뿐입니다. 오래오래 생각해서 해결방법을 찾아내거나, 지혜를 짜내어 새로운 발견을 하는 능력을 평가하는 게 아니었습니다. 오로지 한 번뿐인 암기시험만으로 사람을 평가한다는 건 불가능이겠죠. 암기를 잘하는 사람도 있고, 오래 생각하는 것을 좋아하는 사람도 있습니다.

교육이란 본래 그 사람의 능력과 재능, 잘하는 분야를 더 살려주는 행위임이 틀림없습니다. 암기물에 편중된 대학입시에서는 암기를 잘하는 사람밖에 합격할 수 없습니다. 그러나 이러한 사람만이 회사에서 요구될까요? 저는 그렇게 생각하지 않습니다.

'암기는 컴퓨터한테 던져주면 그만인 것입니다'

I 백 명의 인재보다 한 명의 천재를

니치아화학 반도체부문 개발담당자는 오로지 저 혼자였습니다. 약 10년간 형광체 전문회사였던 니치아화학에는 반도체를 잘 아는 사람이 한 사람도 없었습니다. 혼자였던 비극은 오히려 저에게 행운이었습니다. 물론 사내에서 자신을 이해해 주는 동료가 없다는 건 불리한 점이었습니다. 그러나 혼자였기 때문에 연구테마를 정할 때나 소재를 선택할 때 독단적으로 결정을 내릴 수 있었습니다.

어떤 것을 정할 때 모두 지혜를 짜내어 가장 좋은 선택을 하는 방법도 있겠죠. 제품을 만들 때에도 조직 한 사람 한 사람이 서로 결점을 보완해 잘 하는 분야의 능력을 각자 발휘해 우수한 제품 만들기를 목표로 하는 경우도 분명 있을 것입니다. 그러나 혼자서 사물을 판단하고 혼자서 무언가를 달성할 수 있다는 것은 굉장히 중요한 능력이 아닐까요.

'독창적인 개인'은 이 세상에 많이 있습니다. '천재 한 명'이 혁신적인 위업을 달성해 기업을 일으키거나 역사를 바꾼 적도 있습니다. 사회에는 이러한 '독창적인 개인'과 '천재 한 명'을 배출해 내는 것도 필요합니다. 그러나 지금 일본에서 이런 일은 없겠죠.

메이지유신 이후, 일본은 지금까지 선진국들의 '하청'을 받아 살아왔습니다. 이는 기업사회와 같은 구조입니다. 대기업, 즉 선진국이 이미 단맛을 다 빨아먹은 제품을 하청 받아 커온 것입니다. 다시 말해, 일본이 개량과 원가삭감으로 겨우겨우 이윤을 짜내며 제조해 온 것입니다. 이 경우 스스로 획기적인 신제품을 배출하지 않습니다. 대기업 하청이니 그걸로 족하기 때문입니다.

개량해서 제조단가를 삭감해 싸고 좋은 상품을 만들기 위해서는 천재적인 두뇌가 그리 필요 없습니다. 획기적인 신제품을 만들어내는 '천재 한 명'보다 여럿이 우르르 달라붙어 기술 개량을 해내는 '백 명의 인재'가 요구되었습니다. 오히려 개성적인 '천재'는 조직의 화합을 저해한다는 이유로 등한시되었습니다. 그리고 '인재들'에게는 동료끼리 서로 협력하여 일을 할 수 있는 협동심이 요구된 것입니다. 더구나 제조업 중심의 산업구조였기 때문에, 평균적인 지식과 능력을 가진 샐러리맨을 대량 필요로 했습니다. 그렇지 못하면 불량품이 적고 품질 좋은 제품을 대량생산할 수 없기 때문이었습니다.

일본은 광전자공학 분야에서 유리하다는 말이 있었습니다. 태양전지나 레이저, 광섬유, LED라는 기술입니다. 그런데 이 분야는 제 분야라 잘 알고 있습니다. 이런 제품의 제작 분야는 비교적 쉽습니다. 미국에서 고안된 기초이론을 기반으로 개량해 나가는 기술이기 때문입니다.

즉, 일본에서 만들고 있는 공업제품 대부분은 미국이나 유럽에서 최초로 만들어진 것들의 개량품입니다. 특허와 같은 권리관계는 개발국에서 쥐고 있기 때문에, 모처럼 개량해서 제품화해도 막대한 특허사용료를 내야만 합니다.

미국 등의 연구자들은 개량하는 것을 잘 못하는 것 같습니다. 원래 그들은 진득하게 반복하는 연구는 싫어하는 것 같습니다. 광디바이스도 빛내기 성공하면 그걸로 흥미를 잃곤 끝, 자동차도 움직이기 성공하면 그걸로 끝입니다. 계속 다음 발명으로 넘어갑니다.

반대로 기본적인 기술과 이론을 이용해, 더 잘 빛나는 디바이스로 개량해 제품화하는 것이 일본입니다. 착실하고 조금씩 전진해 가는 제품개발 기술에서 일본은 누구한테도 지지 않습니다. 집적회로 RAM도 마찬가지입니다. 메모리 성능을 높이는 개량기술에서는 일본이 최고입니다.

그러나 CPU라는 컴퓨터의 두뇌부분 연구에서는 역시 미국한테 이길 수 없습니다. 미국인은 이렇게 두뇌를 써서 제품을 만드는 걸 잘합니다. 시스템 전체를 생각해야 하기 때문에 일본처럼 인재가 아무리 많아도 불가능합니다. 여하튼 혼자도 괜찮으니 그런 천재가 없으면 어떻게 해볼 수 없는 기술인 것입니다.

반면에 미국은 다인종국가로 가치관도 다양하기 때문에 그룹으로 추진하는 일은 잘 못합니다. 모두 협력해 제작하는 제조업과 같이 제품을 안정적으로 대량생산 하는 데 맞지 않는 나라입니다. 즉, 미국은 반짝반짝 발명형 국가, 일본은 뚜벅뚜벅 개량형

국가입니다.

일본의 교육제도는 이러한 산업계 요구가 배경이 되어 만들어진 게 아닐까요? 즉, 한 사람의 천재보다 백 명의 인재를! 그리고 평균적인 능력을 가진 순종적인 샐러리맨을 더 많이 만들기!

또 일본의 교육 시스템은 한 반에 40명이 있으면, 가장 느린 학생에 맞춰 수업이 진행됩니다. 그 근저에는 낙오자를 방지하고 평균적인 능력을 지닌 아이를 많이 키우자는 발상이 있는 것 같습니다. 물론 낙오자를 방지하는 것 자체가 나쁜 생각은 아닙니다. 그러나 이러한 이상을 추구한 나머지, 학교교육 현실에선 결국 어느 교과목도 가장 느린 진도로 나갈 수밖에 없는 것입니다. 뒤처진 학생들은 과목별로 다릅니다. 왜냐면 국어를 잘 하는 아이가 반드시 수학도 잘 한다는 보장은 없기 때문입니다. 그러면 국어를 잘 하는 아이는 국어를 못하지만 수학을 잘 하는 아이에게 맞춰 수업을 받게 됩니다. 반대로 수학을 잘 하는 아이는 수학을 잘 못하지만 국어를 잘하는 아이에게 맞춰 수업을 받습니다. 국어를 잘 하는 아이는 그런 시시한 수업이 싫어지게 될 것입니다. 수학을 잘 하는 아이는 쉬운 수학문제에 질려 수학이 싫어지게 될 것입니다. 여기 수능시험이라는 제도가 설상가상으로 사태를 악화시킵니다. 국어나 수학을 잘 하는 아이의 능력을 더 키워주는 건 불가능하게 됩니다.

수학 문제를 푸는 게 즐거운 아이에게 싫어하는 고전문법을 억지로 외우게 합니다. 시를 쓰거나 그림 그리기에 재능을 발휘하는 아이에게 어려운 물리공식을 강요합니다. 수학을 하고 싶은 대로 마음껏 시키고, 시를 쓰고 싶은 만큼 쓰게 한다면 이 아이들은 얼마나 크게 성장할지 모릅니다. 전체를 뭉뚱그려 평평하게 만든다면 평균밖에 안 되는 아이들만 넘쳐날 것입니다. 그 평균이 높으면 그럭저럭 괜찮은 편이지만, 세계적인 학력 비교를 보면 일본 아이들의 학력 평균은 전체적으로 떨어지고 있습니다.

이런 식으로 가다간 한 명의 천재는 고사하고 인재 한 명조차 더 이상 나타나지 않을지 모릅니다. 지금까지 제조업을 중심으로 성장해 온 일본이지만, 지금은 한국과 중국, 대만 등이 동종 제조업분야에 진출하기 시작했습니다. 플로리다주립대학 단기유학 때 '20년 전까지는 일본인이 많이 유학 왔어. 지금은 한국인과 중국인으로 그 주체가 변했어'라고 미국 친구가 말한 것처럼, 이러한 나라들이 저임금을 무기로 일본을 급격히 추월하고 있습니다.

또 최근에는 제조업 대국이라 자처했던 일본에서 우수한 기술을 가진 기술자가 줄고 있습니다. 기초기술을 계속 해외로 떠맡겨 산업구조의 공동화가 생긴 것도 그 원인 중 하나입니다. 정부도 위기감을 느껴 1999년 3월에 이른바 '제조 기본법' 제조기반기술진흥기본법이라는 법률을 만들었을 정도입니다.

손과 발을 움직여 뭔가를 만들어 낸다는 것은 아주 중요합니다. 제가 다른 연구자들보다도 빠른 페이스로 실험을 반복 할 수 있던 것도 장치 개량을 직접 할 수 있었기 때문입니다. 그리고 지금 일본에는 그러한 기술자, 장인들조차 사라지고 있습니다.

그럼 앞으로 일본이 살아남을 수 있는 길은 아직 있을까요? 자원도 없는 나라가 제조업 이외의 분야에서 1억 2천만 명 이상의 국민을 부양해 갈 수 있을까요? 그렇게 하기 위해 역시 유럽처럼 지혜로 이윤을 창출하는 방법밖에 없습니다. 컴퓨터 분야도 바이오기술 분야에서도 지금까지 일본은 유럽이 고안했던 기술에 막대한 특허 사용료를 지불해 제품을 만들어 왔습니다. 경제대국이라 하면서도 국민들이 부자가 될 수 없었던 이유 중 하나는, 아무리 제조업으로 돈을 많이 벌어도 특허 사용료로 빠져나가는 돈이 상당했기 때문일 것입니다.

한편, 제조업이라는 건 노력하면 어느 나라에서도 실현 가능합니다. 기본적인 조건만 갖춰지면 개발도상국은 일본과 같은 레벨로 금방 도달할 수 있습니다. 즉 일본의 미래는 특허를 취득할 수 있는 이론이나 기초기술을 창출할 수 있는지에 달려있습니다. 그러나 이러한 발명과 발견은 인재를 아무리 긁어모아도 좀처럼 실현되기 어렵습니다. 한 사람의 천재로부터 어느 날 갑자기 번뜩이는 아이디어가 창출되는 것이기 때문입니다.

I 대학입시를 즉시, 완전히 폐지하자

딸 세 명도 벌써 다 성장했고, 막내딸도 조금 있으면 고등학교를 졸업합니다. 저마다 개성을 지닌 여성입니다. 그래서 자기 힘으로 길을 찾고, 손과 발을 움직여 앞으로 나아가려 하고 있습니다.

그러나 저는 딸들에게 아무것도 해주지 못 했다는 후회를 가지고 있습니다. 그와 동시에 일본이라는 나라가 어떻게 될지 막연한 불안감도 있습니다.

따라서 이렇게 발언할 기회가 있으면 저는 시도 때도 없이 '일본의 대학입시는 금방이라도 완전히 폐기해야 된다' 라고 주장했습니다. 이렇게 말하면 누구나 의문을 가질 것입니다. '대학입시를 전부 폐기하면 대학은 어떻게 되는 거야?' 라고.

대학입시를 없애면, 대학에 들어가고 싶은 사람은 당연히 어느 대학이라도 자유롭게 들어갈 수 있게 됩니다. 무제한, 무조건. 캘리포니아대학과 같이 학생부 12.5% 안에 들지 못하면 입시조차 치르지 못하게 하는 예비고사가 있는 건 너무 매정합니다. 도쿄대 의과대학이나 교토대 법과대학이라도 전원 입학할 수 있게 해야 됩니다.

물론 이것이 시행되면 일류대학에 학생들이 몰려들 게 뻔합니다. 강의실에 못 들어가 밖으로 넘쳐나는 학생도 많이 생길 것입니다. 아마도 도쿄대 의대 같은 곳은 10만 명, 20만 명 수준으로 학생들이 늘어날 것입니다. 그러나 이 정도는 이미 예견하고 본인이 희망하여 들어 간 대학입니다. 서약서 같은 걸 받아놓으면 학생들의 불평도 없을 것이고 불평이 있어도 다툴 일도 없을 것입니다. 싫으면 그만두면 되기 때문입니다.

강의를 듣기 위해 아침 일찍 등교해 줄까지 설 각오가 없으면 졸업할 수 없을 것입니다. 비가 와도 안에 들어가지 못한 학생은 밖에서 기다리며 수업을 들어야합니다. 그런 대학은 도저히 못 다니겠다며, 상대적으로 덜 몰린 대학으로 옮기는 학생이 대거 발생할 것입니다. 그렇게 몇 년 지나면, 아마 입학인원이 극단적으로 편중되는 현상은 점점 없어질 것입니다. 누구나 자유롭게 들어갈 수 있는 대신 진급시험, 졸업시험은 굉장히 어려워질 것입니다. 진짜 배우고자 하는 마음이 있어 노력하면 반드시 풀 수 있는 시험문제여야 되는 것은 당연합니다. 게다가 어려우면 어려울수록 더 좋습니다.

학생이 좋아서 스스로 선택한 학문 분야입니다. 최첨단 지식을 묻는, 풀고 보람을 느낄 수 있는 시험을 더 기뻐할 것입니다. 또, 누구라도 칠 수 있지만 가장 어려운 졸업시험을 매년 실시합니다. 합격하면 1학년이라도 졸업시키도록 하면 어떨까요. 물론 그 시험에 낙방하면 바로 그자리에서 퇴학. 도쿄대 중퇴라고 부끄러워서라도 아무한테도 못 말하게 됩니다.

누구라도 들어갈 수 있지만 졸업하는 데는 어려운 대학이기 때문에, '입학하는 것' 자체를 목적으로 하는 현재 시스템은 붕괴할 것입니다. 도쿄대에 들어가는 것이 목적이 아니라, 도쿄대에서 '무엇을 얼마만큼 공부했는지'나 '졸업을 했냐 안 했냐'가 문제가 될 것입니다. 이렇게 대학입시를 폐지하면 어린이들은 어떻게 될까요? 먼저, 초중 고등학생을 대상으로 하는 학원이 없어질 것입니다. 대학입시뿐만 아니라, 입학시험이라는 입학시험은 전부 '떨어뜨리기 위한' 시험이 됩니다. 진급해가며 점차 그 레벨이 높

대학입시에 합격하는게 문제가 아니라, 합격한 다음 무엇을 배울지가 중요하다
사진은 도쿄대학 합격발표 장면 제공=교토통신사

아지고 어려워질 것입니다. 우수한 어린이들이 몰려들어 경쟁률도 높아질 것입니다.

좋은 대학에 가기 위한 준비 단계로 좋은 중학교, 좋은 고등학교에 진학해야 하는 게 지금의 실상입니다. 다시 말하면 이러한 중학교, 고등학교는 대학입시를 위한 학원인 셈입니다. 입시가 계속 어려워지고, 경쟁률이 계속 높아지기 때문에 좋은 중학교, 좋은 고등학교에 진학하기 위해서는 역시 초 · 중학교 수업만으로는 부족해집니다. 그 부족한 부분을 보충하기 위해 학원이 필요하게 된 것입니다. 떨어뜨리기 위한 시험에 합격하기 위해 다른 학생보다 더 많이 공부해야 합니다. 다른 사람보다도 더 많은 지식을 주입해야만 합니다.

좋은 대학에 가기 위해 좋은 고등학교, 좋은 중학교……. 이렇게 불필요한 악순환이 점점 심화되어 결국 유명 유치원에 들어가기 위한 입시학원이 생기는 꼴이 됩니다. 단지 떨어뜨리기 위한 대학입시가 사라지면 좋은 고등학교, 좋은 중학교도 자연히 없어지게 되어 학원도 소멸할 것입니다. 학원이 없어지면 친구와 뛰어놀거나 스포츠에 열중하는 등, 소중한 학창 시절을 학원에서 낭비하는 아이들은 사라질 것입니다.

학교 수업도 성실히 임할 것입니다. 지금의 중학교, 고등학교 선생님들은 할 수 없이 입시를 위한 수업을 해야 하는 상황입니다. 입시가 없어지면 선생님들은 정말 자신이 하고자 하는 수업을 실현할 수 있습니다. 대학도 마찬가지입니다. 매력적인 수업을 개설하거나 학문의 내용과 실적을 높이려는 노력을 하지 않으면 점점 학생들로부터 외면받을 것이기 때문입니다.

대학입시를 없애면 아이들은 자신이 좋아하는 과목을 중심으로 즐겁게 공부할 수 있게 될 것입니다. 그리고 대학에 들어와 자신이 정말 하고 싶어 하는 학문만 마음껏 할 수 있을 것입니다.

'그렇게 치우친 교육에서 비뚤어진 사람이 된다'라는 반론이 있을 수 있습니다. 저는 절대 그렇게 걱정하지 않습니다. 사람이란 어느 시기가 오면 자연적으로 다양한 분야에 관심을 가지게 되는 존재이기 때문입니다. 이과과목만 공부한 학생도, 어느 때가 되면 느끼게 됩니다. '우주는 도대체 어떻게 태어났을까?', '인간의 의식이 뇌에서 나오는 것일까, 아니면 마음이라는 추상적인 존재가 있는 것일까?' '물질을 계속 작게 분해하면, 뭐가 남을까?' '아, 결국 책을 읽어야 하는구나!' 라고.

문과 학생도 마찬가지입니다. 먼저, 학문을 추구해가다 보면 이과 문과 구분은 그다지 생각하지 않게 됩니다. 왜냐면 어느 한 분야를 좋아해 그것만 하다 보면 그것과 관련된 다양한 것을 알고 싶어지기 때문입니다. 교육관계자나 공무원들이 이러한 개인적인 부분까지 깊게 관여할 필요는 없습니다. 자기가 하고 싶은 모든 것을 학생 스스로 정하는 겁니다. 물론 열심히 공부한 일부 엘리트 학생과 낙오자, 이렇게 두 갈래로 나뉘어 빈부격차가 격화될 위험성은 있을 것입니다. 그러나 일본인이 가진 능력을 생각하면 이 점도 낙관적이라 생각합니다.

일본인은 전체적으로 아주 근면하고 부지런한 사람들입니다. 대학입시를 없애면 모두 자유롭게 경쟁해서 오히려 좋은 방향으로 갈 것입니다.

| 좋아하는 일을 마음껏 할 수 있는 환경

아무리 철없고 생각이 모자란 사람이라도 '하고 싶은 일' 과 '하고 싶지 않은 일' 정도는 구분 할 수 있습니다. '좋아하는 일' 을 하고 싶어 하는 마음과 '싫어하는 일' 을 하고 싶어하지 않는 마음은 상당히 중요한 감정일 것입니다.

어릴 때부터 공부를 좋아하는 아이는 아주 일부입니다. 초등학교 저학년 때부터 뛰어 놀 시간마저 줄여 학원에 다녀서는 좋아하는 일을 해보지도 못하고 일생이 끝나는 셈입니다. 저는 초등학교 때 제대로 공부했던 기억이 없습니다. 좌우지간 남자 형제 3명이 싸우기만 했습니다. 싸우지 않을 때는 TV를 보거나 만화책을 보았습니다. 산에서 많이 뛰어 놀기도 했습니다. 'TV만 보지 말고 공부 좀 해라!'라며 엄마한테 혼나기 일쑤였습니다. 그러나 엄마한테는 미안하지만 초등학교 고학년까지 공부를 한 기억이 전혀 없습니다.

태어난 곳은 에히메현 사타미사키 반도의 오오쿠. 그리고 초등학교 2학년부터는 에히메현 오오즈시. 둘 다 시골입니다. 당시 학원에 다니는 친구들은 한 명도 없었습니다. 성적도 나빠서 전학한 직후 초등학교 2학년 때는 '수우미양가 평가'에서 거의 '양'이었습니다. 공부보다 놀기에 바빴습니다. 오오즈로 전학 가서도 나쁜(?) 친구들과 산과 들을 탐험하러 다녔습니다. 하루도 빠짐없이 깡통축구, 숨바꼭질로 얼굴이 새카맣게 될 때까지 놀러 다녔습니다. 그러나 오오쿠라는 깡촌에서 오오즈라는 '대도시'로 나왔기 때문에 당시 저는 좀 긴장했던 것 같습니다.

공부의 '공'자도 모를 정도로 성적은 나빴는데도 '나카무라는 부지런하고 착한 아이'라고 선생님은 말해주었습니다. 전학해 온 저를 배려해서 한 말일지도 모릅니다. 또 무시당하지 않기 위해 입을 꾹 다물고 있던 저를 '어른스럽고 착실하다'고 착각하셨는지도 모릅니다.

저는 중학교 때부터 좋아했던 과목과 싫어했던 과목이 명확했습니다. 모두 저와 같을 거라 생각합니다. 이것을 잘하는 과목, 못하는 과목으로 다르게 표현해도 좋을 것입니다.

아버지는 전력회사 보안담당이었기 때문에 그 덕분에 이과과목 지식이 조금 있었습니다. 초등학교 3학년쯤 아버지는 수학 숙제를 자주 도와 주셨습니다. 그 덕분에 쉽게 이해하게 되어 수학과 이과과목을 좋아하게 되었고, 성적도 올라 잘하는 과목이 되었습니다. 원래부터 깊게 생각하는 것을 좋아했는지도 모릅니다. 반대로, 사회과목이나 국어와 같은 이른바 암기과목은 전혀 엉망이었습니다. 중학교에서 고등학교, 나아가 대학교에 진학하기까지 일관성 있게 암기실력이 부족했습니다. 사자성어나 역사 연대, 지명 등은 좀처럼 머릿속에 들어오지 않았습니다.

중학교 때 시험은 대부분 벼락치기였습니다. 그것도 초등학교 때에 비하면 좀 더 공부한 편이었습니다. 왜 공부를 시작했냐 하면 '뒤가 켕기는 기분' 때문이었습니다. 중학교에서 저의 인상은 '부지런하고 교우관계가 좋은 아이'였습니다. 실제로 공부를 잘하는 아이뿐만 아니라 나쁜 ? 친구들과도 사이좋게 지냈습니다. 그 덕분에 반장으로 자주 뽑혔습니다. 그러나 다른 반의 반장들은 모두 성적이 우수하고 만능 스포츠맨 타입이 대부분이었습니다.

저는 스포츠라면 배구를 시작하긴 했지만, 공부는 전혀 엉망인 타입이었습니다. '이대로라면 뽑아준 급우들에게 너무 미안하다'라는 생각이 들어 시험기간에 조금은 공부를 했습니다. 고등학교

입시도 거의 기억이 없습니다. 반장으로 부끄럽지 않도록 조금씩 공부에 투자했기 때문에 전교에서 10등 정도는 했습니다. 오오즈와 야와타하마* 일대에서 나름대로 유명한 고등학교가 에히메현립 오오즈고등학교였습니다. 성적이 높은 친구들은 대부분이 오오즈고등학교 진학반으로 갑니다. 그다지 좁은 문은 아니었습니다. 저의 경우 자동적으로 오오즈고등학교로 가게 됐습니다. 더 성적이 좋은 친구는 『도련님』**으로 유명한 마츠야마 히가시고등학교로 진학하거나 일류학교로 유명한 마츠야마시 카톨릭 고등학교인 아이코우고등학교로 가기도합니다.

중학교 3학년 담임선생님한테 '어디로 진학하고 싶어?' 라는 말을 들은 적이 없었습니다. '너 정도 성적이라면 오오즈고등학교가 딱이다' 라고 멋대로 정해 주셔서 아무 생각 없이 시험을 보러 갔을 정도였습니다. 그러나 고등학교에 들어가자 조금은 생각이 바뀌게 되었습니다.

I 대학입시에 짓눌린 고교시절

오오즈고등학교 시절 선생님이 매일 '수능 수능' 하면서 그 말만 주문처럼 귀에 못이 박히듯 말해댔습니다. 마침 수능 전쟁이 피

*** 역자 주: 라이트형제보다 먼저 비행실험에 성공했다고 하는 항공기 연구자 '니노미야 주하치' 의 출신 고향**

**** 역자 주: 나츠메 소세키의 대표 소설**

크였던 때였습니다. 가열된 입시 전쟁을 완화하기 위해 공통 1차 시험이 도입된 때는 제가 대학시험을 친 몇 년 뒤였습니다. 입학식 때부터 교장 선생님은

'너희들은 대학입시에 합격하기 위해 고등학교에 들어왔다. 그렇기 때문에 공부만 하면 된다. 서클활동은 논외다'

라고 선을 그을 정도였습니다.

어찌됐건 대학진학 면에선 열심인 고등학교였습니다. 반 배정도 성적순이었습니다. 진학반은 5반에서 10반까지 다섯 반이 있었는데, 가장 성적이 좋은 반이 5반이었습니다. 1반에서 4반까지는 취업계였습니다. 반은 학기시험 결과로 매번 바뀌었습니다. 중간고사, 기말고사 시험 결과에 따라 5반에 있던 학생이 갑자기 10반으로 떨어지기도 했습니다.

저는 입학 때는 5반이었습니다. 가장 머리 좋은 반이었습니다. 같은 중학교에서 온 친구는 한두 명 더 있었습니다. 그러나 제 성적은 5반 40명 중 꼴등이었습니다.

중학교 때는 전교에서 10등 정도였고 잘 나올 때는 4, 5등까지 한 적도 있었습니다. 학급위원도 하면서 배구부도 하는 공부도 운동도 잘 하는 학생……. 전형적인 '좋은 아이'였습니다. 오히려 그래서 거만한 아이가 되었는지도 모릅니다.

콧대 높았던 중학교 시절의 저를 뒤로한 채 고등학교에 들어가보니 저보다 머리 좋은 친구들이 무수히 많다는 걸 깨닫게 되었습니다. 제가 나온 중학교 수준이 얼마나 낮은지 드디어 알게 되

었습니다. 우물 안 개구리처럼 만족했던 제 자신이 부끄럽게 느껴졌습니다.

'뛰는 놈 위에 나는 놈 있다'

지금까지 좁은 시골밖에 몰랐던 저는 격차를 실감한 후 굉장한 쇼크를 받았습니다.

현실의 높은 벽에 어쩔 줄 몰랐습니다. 그러나 이를 극복하려 열심히 공부에 매진한 것도 아닙니다. 제가 몰두하게 된 것은 또 배구였습니다.

"배구부를 그만두면 성적이 더 오를 거야. 배구부는 때려쳐라"

'모든 걸 희생해서라도 대학입시만 집중해야하는 시기다. 대학에 들어가면 좋아하는 걸 마음껏 할 수 있다'라며 담임선생님은 계속 설교했습니다. 그러나 고등학교 3년간 배구부 활동은 계속했습니다.

스포츠에만 집중한 것은 아닙니다. 저도 다른 친구들처럼 여자친구를 사귀고 싶었습니다. 초등학교와 중학교를 같이 나온 오오즈고등학교 같은 5반이었던 친구를 좋아했습니다. 반에서 학급위원도 같이 한 머리가 아주 좋은 친구였습니다. 제가 부족했던 국어도 잘해 오차노미즈여자대학에 들어갔을 정도로 똑똑했습니다.

저는 어릴 적부터 지기 싫어하는 성격이어서 공부도 하긴 했습니다. 운동부와 공부를 동시에 잘해야 했는데, 중학교 때처럼 벼락치기로는 도저히 좋은 점수가 나오지 않았습니다. 여전히 암기과목과 문과과목을 싫어해 항상 고생했습니다. 국어선생님께서 '책을 읽으면 국어성적이 올라간다' 라고 조언해 주었습니다. 우연히 친한 친구가 추리소설을 읽고 있어서 같이 읽기도 했습니다. 코난 도일과 요코미조 세이시 등…… 그러나 별로 재미없었습니다. 오히려 원래부터 좋아했던 수학 과학 과목이 더 좋아졌습니다.

이는 고등학교 수학선생님이었던 오오자와 선생님 덕분일 것입니다. 똥배가 볼록 나온 중년의 선생님이었는데 수학을 즐겁고 아주 알기 쉽게 가르쳐 주셨습니다. 문제를 풀 때, 절대로 많은 양을 풀지 않습니다. 많이 풀어서 수식을 외우게 하는 방법이 아니었습니다. 하나의 문제를 느긋하고 시간을 들여 이해할 수 있을 때까지 자세히 설명해 주셨습니다.

그 당시 수학도 물리도 외운 수식에 숫자만 넣어 단순히 푸는 공식 방법을 알지 못했습니다. 처음 정리를 전개하는 것부터 시작해, 하나하나 세세히 생각하며 풀어가는 것이 문제를 푸는 방법이라고 착각하고 있었습니다. 물론 수식을 외우면 편리합니다. 선생님도 '이건 외워둬라' 이야기할 정도였습니다. 그러나 제 머릿속으로 도저히 들어가지 않았습니다. 좋아했던 수학이나 과학에서도 암기 쪽은 두드러기가 날 정도였습니다.

한번 봐서는 도저히 외워지지 않았습니다. 보통, 몇 번을 써보거나 여러 문제를 풀면서 외울 것입니다. 그러나 저는 '한번 만에 외울 수 있는 것은 가치도 없다' 라고 생각했습니다. 암기하는 데 알레르기가 있어서 어떻게 하면 잘 외울 수 있을지, 그 방법도 주변에 묻지 못하고 모두 독학으로 임했습니다.

문제는 시험 때였습니다. 방정식을 처음부터 풀기 시작하면 당연히 시간이 부족합니다. 매 시험마다 시간과의 전쟁이었습니다. 시간만 있다면 어떤 문제든 풀 자신이 있었습니다. 저는 초조해 미칠 정도로 필사적으로 계산하고 있는데, 수식을 암기한 친구들은 금세 '다 했다' 라고 여유를 부립니다. 당시 암기 테크닉을 몰랐던 저는 그들이 천재인줄 알았습니다. 지금 돌이켜보면 정말 멍청한 얘기입니다.

필사적으로 열심히 공부하여 다행히도 5반에서 탈락하는 일은 면했습니다. 그러나 반에서 상위에 있는 친구들은 항상 같은 녀석들이었습니다. 그것도 전혀 공부하는 모습을 본 적이 없었습니다. 암기 점수를 많이 얻었기 때문인지도 모릅니다. 여유만만하게 수업을 듣고, 느긋하게 시험을 치는데 항상 1~2등. 그것을 보고 있자니 지기 싫어하는 성격인 저 역시 '뛰는 놈 위에 나는 놈 있다' 며 인정할 수밖에 없었습니다.

잘 하는 녀석들은 수식을 암기했었기 때문에 빨리 푸는 게 당연합니다. 우직했던 저는 '한 번에 외워지지 않는 것은 외우지 않는다' 는 고집으로 끝까지 밀고 나갔던 것입니다.

배구도 마찬가지로 아무리 연습해도 시합에서 승리한 적이 없었습니다. 그보다 6명밖에 없어 6명 전원이 전부 모이는 것조차 근근이 될까 말까였습니다. '배구도 위를 쳐다보니 끝이 없구나' 하고 실감할 수 있었습니다. 즉, 고등학교 때에는 공부도 스포츠도 '있는 힘껏 최선을 다했다' 라는 성취감은 없었습니다. 분통만 터지는 3년이었습니다.

I 이론물리학이 진짜 하고 싶었다

대학입시 때 왜 도쿠시마대학 공대를 선택했냐면, 수학과 과학에 배점이 높았고 국어, 사회와 같은 문과과목 배점이 낮았기 때문입니다. 그뿐이었습니다. 고등학교를 나와 빨리 자취를 하고 싶은 마음이 강했기 때문에 특별히 시코쿠현에 있는 대학을 고집한 셈도 아닙니다.

수학, 물리, 영어 이렇게 3과목은 높은 점수를 예상했기 때문에 되도록 들어가기 쉬운 대학을 찾았습니다. 그곳이 도쿠시마대학 공대였을 뿐입니다. 고등학교 시절 자연과학대학 물리학과에 진학해 '이론물리학을 하고 싶다' 는 막연한 꿈이 있었습니다.

고등학교 때 수학을 좋아하게 됐는데, 수학의 궁극적 목적은 물리 현상을 해명하기 위해서였습니다. 수학을 계속 공부하면 결국 물리에도 달했습니다. 그러나 고등학교 담임선생님은 '물리학과를 나오면 취직할 곳도 없어 고생할거야. 공대에 가거라' 라고 조언해주었습니다. 저는 할 수 없이 공대 전자공학과를 선택했습니다. 전자공학과를 선택한 것은 왠지 물리학과 가장 가깝지 않을까 해서였습니다.

대학에서 물리학을 하고 싶다는 꿈이 있어도, 절대적인 존재였던 선생님의 '먹고 살 수 없다'는 말에 꿈은 꺾여버렸습니다. 사회를 모르는 건 무서운 일입니다. 문자 그대로 무지는 몸을 망쳐버립니다. 저는 지금도 그때의 선택을 후회하고 있습니다.

드디어 대학입시가 다가왔습니다. 이래봬도 압박감에는 아주 약한 타입입니다. 그렇기 때문에 목숨 걸고 도전합니다. 수능 때도 '떨어지면 어떡하지?'라는 불안감을 느끼고 있었던 건 사실입니다. 그러나 제가 도전했던 대학은 도지샤대학과 도쿠시마국립대학 이렇게 두 학교밖에 없었습니다. 암기하는 걸 잘 못하고 수능시험 노이로제 상태였습니다. 아무리 외우려 해도 머릿속에 들어가지 않습니다. 극도의 스트레스에 시달렸습니다. 더 이상 입시는 지긋지긋했습니다. 두 대학 말고 더 이상 입시를 볼 기력도 없었습니다. 다행히 두 학교 다 합격해서 도쿠시마대학으로 결정했습니다.

암기하는 것과 문과과목은 마지막까지 너무 싫었습니다. 싫어하는 건 아무리 노력해도 싫습니다. 그때부터 '왜 이렇게 싫어하는 과목을 공부해야만 하는가?'라는 의문점이 싹텄는지도 모릅니다. 어쨌든 졸업시험 때, 세계사 과목이 너무 싫어서 추가시험마저 빼먹고 도망가려 했을 정도였습니다.

연대나 인명은 아무리 해도 외워지지 않아 학교에 갈 마음이 생기지 않았습니다. 그래서 집에서 깜빡 졸고 있는데 선생님이 '어떻게 된 거야?'라며 절 부르러 왔습니다. 학교를 결석한 건 처음 있는 일이라 몸이 아픈 줄 알고 찾아오셨던 겁니다. '늦잠 잤어요'라고 머리를 긁적이자 '시험 안 보면 졸업이 안 돼'라며 학교로 끌고 가 결국 답안 용지를 끄적거렸던 기억이 있습니다. 결국은 통과. 아마도 졸업시험 점수가 모자랐지만 정 때문에 졸업시켜 주신 게 아닐까요?

| 드디어 좋아하는 것을 마음대로 할 수 있게 되었지만

이렇게 저는 대학입시를 경험하고 대학에 들어왔습니다. 그러나 대학에 들어오니 2년 간 교양과정이 있어, 다시 증오했던 문과과목을 이수해야 됐습니다. 지금까지 몇 년 간, 도대체 왜 공부했는지 큰 의문을 품기 시작했습니다. '대학에 들어오면 좋아하는 것을 마음껏 할 수 있다'고 해서 필사적으로 공부했는데 결국 이런 꼴이라니! '속았다'고 생각한 저는 결국 뚜껑이 열려, 다시 기인이 되고 말았습니다.

만약 그때 그 마음으로 대학을 졸업했다면 평생 학문이나 과학을 증오하며 살았을지 모릅니다. 대학 3학년 때 재료물성이라는 분야에 빠져들지 못했고, 대학원에도 진학하지 못했을 거라 생각하면 소름이 끼칩니다.

대학 4년간 성적은 아주 좋았습니다. 취직담당 교수님께서도 '공대 대학원은 석사 2학년까지밖에 없으니까, 무조건 취직하는 게 나아. 네 성적이라면 전자공사에 추천하는 것도 가능할거야' 라고 말할 정도였습니다. 당시, 지금의 NTT인 전자공사는 이공계 대학생이 가장 가고 싶어 하는 곳이었습니다. 전자공사에 취직한 제 동기가 지금 NTT에서 엘리트코스로 잘 나가고 있습니다. 저 자신도 빨리 이 대학을 졸업해 스스로 돈을 벌고 싶다고 생각하며 4년간 열심히 공부에 몰두했었습니다. 만약 석사를 나온다 해도 정상적인 취직자리가 보장된 것도 아니었습니다. 그러나 이러한 교육제도에 대한 반발심과 실용적인 고민을 뒤엎고, 저는 대학원 진학을 결심했습니다.

좀 잘난 체한 느낌도 들어 부끄럽지만, 대학원에 진학한 이유가 '학문에 열정'이 있었기 때문입니다. '좋아하는 분야를 하고 싶다'라는 마음이 그만큼 강했었습니다. 그 열정에 기름을 부었던 계기가 있었는데, 바로 4학년 졸업연구에서 처음 접해본 실험이었습니다. 대학 강의는 너무 시시하게 느껴졌지만, 제 가설과 연구를 실제로 실험을 통해 밝혀보는 즐거움에 눈을 떴습니다.

사회로 나오는 불안감도 있었습니다. '좀 더 대학에 남아 연구해보자'라는 마음이 있었습니다. 연구를 지속할 수 있다면 특별히 도쿠시마대학 대학원이 아니어도 괜찮았습니다. 저는 시험 삼아 교토대학 대학원도 쳐보았습니다. 교토대학 대학원은 전 학과 공통이었습니다. 그래서 만약 합격하면 전자공학뿐만 아니라 좋아하는 이론물리를 공부할 수 있었기 때문입니다. 일본대학은 어디나 폐쇄적이지만 대학원과 같은 대학 출신자들이 들어가기 쉽게 되어있습니다. 시험문제도 그 대학 강의를 듣지 않으면 전혀 풀 수 없을 듯한 문제들뿐입니다. 실험실 지도 교수님과의 인간관계도 중요합니다. 심하게 말하면, 도쿠시마대학 공대 대학원은 도쿠시마대학 공대에서 들어온 학생을 우선 뽑는다는 것과 비슷합니다.

제가 대학원 시험 준비를 시작한 것은 시험 1개월 전이었습니다. 마침 도쿠시마대학에 교토대학에서 오신 교수님이 있어서 상담하러 갔습니다. 그러자 '교토대학원을 친다면, 과거 문제집이 있어' 라는 조언을 해주셨습니다. 그것을 어렵게 구해 대학원 입시공부에 돌입했습니다. 이미 그때는 아내 유코와 결혼을 전제로 사귀고 있었습니다. 제가 '교토대학원을 쳐볼 거야' 라고 말하자 아내는 좀 고민하는 듯한 얼굴이었습니다. 그녀도 교육대학 졸업을 목전에 두고 있었습니다. 그래서 큰맘 먹고 코베시 초등학교 시험을 쳤는데 채용이 결정 난 것입니다. 그런데 저는 1점 차로 불합격. 화가 났지만 어쩔 수 없었습니다. 대신 도쿠시마대학 공대 대학원 시험을 쳐서 어려움 없이 합격했습니다.

도쿠시마대학의 경우, 전자공학과 학생은 전자공학과 대학원 이외의 다른 과 대학원으로는 갈 수 없습니다.*

저도 전자공학과 대학원에 진학하여 고체전자공학이라는 재료물성을 하고 있던 타다 연구실에 들어갔습니다. 대학원에 남겠다고 하니 모두 이구동성으로 왜 취직하지 않느냐며 이상해했습니다. 왜냐면 도쿠시마대학 대학원은 대기업에 취직하지 못한 학생들이 정거장 같은 느낌으로 어쩔 수 없이 잠시 머무르는 곳 같은 개념이었기 때문입니다. 제 성적을 알고 있던 친구들이 이상하게 생각한 것도 당연합니다. 그러나 저는 주위에서 어떻게 생

* 편집자 주: 일본의 경우 동일 학과만 진학 가능한 경우가 대부분이다.

각하든 중요하지 않았습니다.

대학원에서 스스로 실험을 하며 측정도 해보니 역시 너무나 재미있었습니다. 이제껏 강의실에서 종이 위에 계산하고 생각했던 것이 실제로 눈앞에서 일어나고 그것을 측정하며 평가할 수 있었던 것입니다. '이것이 진짜 학문이구나' 실감할 수 있었습니다. 대학 졸업논문이 타이타늄산 바륨에 관한 연구였기 때문에 대학원에서도 같은 주제로 정했습니다.

타다 교수님 실험실에서는 산화아연이나 질화알루미늄 같은 강유전체 재료를 주로 연구하고 있었습니다. 타이타늄산 바륨도 강유전체 물질로 세라믹을 만들 때 사용되는 소재입니다. 최근에는 식칼에도 쓰이지만 주로 컴퓨터 등에 쓰이는 집적회로의 방열판에 많이 쓰입니다. 제가 나중에 교세라 입사시험을 쳤던 이유도, 타이타늄산 바륨을 연구하고 있었기 때문입니다.

대학원은 짧게 느껴졌습니다. 실험은 즐거웠고 연구도 재미있었지만 고작 2년. 결혼하고 아이가 태어나 가정생활도 바빴습니다. 눈코 뜰 새 없는 시간 속에서 2년이 지나가 버렸습니다. 결국 좋아하는 것을 배우기 위해 대학에 들어갔지만 대학 4년, 대학원 2년, 총 6년이라는 시간 중에 4년 가까이를 싫어하는 것만 하며 보냈습니다. 만약 6년 동안 계속 좋아하는 물리학을 할 수 있었다면 얼마나 많은 일을 했을까 생각합니다.

저는 낙관적인 성격이기 때문에 과거 모든 경험이 무의미했다고 생각지는 않습니다. 오히려 무의미한 것은 인생에 없다고 생각합니다. 그러나 니치아화학에서 보냈던 20년 세월을 돌아보면, 4년 정도 하면 기술혁신break through 하나 정도를 손쉽게 달성했었습니다. 물론 학생 때와 기업 연구원일 때를 단순히 비교할 수는 없을 것입니다. 그러나 잃어버린 시간의 길이를 생각하면, 제 마음속엔 일본 대학입시제도를 향한 분노가 다시 끓어오릅니다.

┃ 폐쇄적이고 공산주의적인 일본

다행히도 국제학회를 참석하게 된 후 시야는 크게 넓어졌습니다. 그때까지 저는 '무엇이든 일본이 최고'라 착각하고 있었습니다. 그러나 미국에서 많은 사람의 의견을 들으니 '일본은 이상한 나라'라고 느끼게 되었습니다. 특히 대학입시제도에 관한 의문을 계기로 일본의 폐쇄성과 특수성을 깨닫게 되었습니다. 또 세계와의 격차를 상대적으로 볼 수 있게 되었습니다. 세상 물정을 모르는 저는 현실을 알게 되면 불끈 힘이 솟습니다. 그 격차가 크면 클수록 이상하게도 더 큰 힘이 솟아납니다. 외부에서 일본을 바라봤을 때 더 객관적으로 일본이라는 나라를 인지할 수 있었습니다. 그것은 일본은 보잘 것 없고 시시한 나라라는 사실이었습니다. 사회적 가치관도 획일적입니다. 게다가 그것을 억지로 강요하고 있습니다. 사람을 겉모습만으로 판단하고 직함이 신분이라는 발상이 활개치고 있습니다. 민주주의가 제대로 기능을 하지 않고 진정한 의미의 자유가 없습니다. 정치인들은 노인과 자기네

가족뿐입니다. 사회를 발전시켜 나가기보다 자신들의 기득권을 지키는 데 혈안입니다.

리더십을 발휘하는 정치인도 전무합니다. 아무도 리더가 되려 하지도 않고 리더십에 대한 존경심도 없습니다. 발언했다간 손해라도 볼까봐 침묵을 지키는 어린이만 생산하는 일본의 교육제도에서는 리더를 육성할 수 없습니다. 행정부도 별반 다르지 않습니다. 대학입시 인재수능시험 고득점자라는 커리어를 가진 관료들이 판을 쳐서, 가난하고 비참한 발상으로 세금을 흥청망청 쓰고 있습니다.

대중매체도 같은 죄를 지었습니다. 일부러 어려운 말로 정치를 논하고, 국민들에게 사실을 전하려 노력하지도 않습니다. 자기들에게 불리한 뉴스는 전하지 않고 보수정당 정도의 자정능력조차 없습니다.

학문 영역도 마찬가지입니다. 나라에서 연구예산을 받고 있기 때문에 공공연히 공무원을 비판하는 것도 못하고 있습니다. 대학에서 젊은 연구자들은 지도교수 눈치를 보며 제대로 발언하지 못합니다. 기업 연구직도 동네북처럼 홀대받은 지 오래입니다. 아무리 대단한 성과를 올려도 제대로 된 평가를 받지 못하고 회사가 그 이익을 전부 빨아 먹습니다.

예를 들어 제가 참석하는 학회에는 일반기업 연구직도 많이 참석하고 있습니다. 유럽 기업 사람들은 라이벌 기업끼리도 비교적 모두 친하게 지내며 같이 식사를 하거나 술도 마십니다. 일본 기업사원은 서로 라이벌 의식을 정면에서 표출합니다. 말도 붙이지 않습니다. 조직을 향한 충성심이 이상하리만치 강해 마치 왕을 받드는 봉건시대 사람 그 자체입니다.

| 일본학계의 폐쇄성

청색 LED 개발을 시작할 무렵, 처음 질화갈륨에 관한 논문을 발표하려고 할 때 일본학계가 너무 폐쇄적이고 수준이 낮아 혐오감을 느낄 정도였습니다.

과거 박사학위가 없고 논문도 발표한 적 없는 저를 멸시했던 플로리다대학 연구자들에 대한 이미지는 미국이라는 나라에 대한 반감으로 바뀌어 있었습니다. 분노 대상이 바뀐 셈입니다. 또 '다 죽여버릴 테다'라는 분노가 '언젠가 갚아줄 테다'라는 복수심으로 발전했습니다. 논문을 제출할 때도 '미국 저널에는 절대 투고 안할 테다. 일본 기술발전을 위해서는 일본 학술지에 발표해야지'라고 생각했습니다. 응용물리학 분야 논문 발표를 한다면 「Applied Physics Letters」라는 미국의 유명 응용물리학 회지가 있었습니다. 일본에서는 「Japanese Journal of Applied Physics」라는 학회지가 있었습니다. 전자 쪽이 권위도 있고 뭐니 뭐니 해도 세계적인 학술지이기 때문에 영향력도 큽니다. 그러나 저는 일부러 일본 학술지에 발표하려고 마음먹었습니다.

그 당시 '미국보다 일본을 위해'라는 일종의 애국심을 품고 있었기 때문입니다. 지금 생각해보니, 순진하기 그지없는 생각이었습니다. 그러나 일본 학술지에 몇 번이나 논문심사를 의뢰해도 그때마다 게재를 거부당했습니다. 심사를 통과 못하고 낙방! 약 1년 간 여섯 번이나 도전했지만 대부분 떨어졌습니다.

처세술에 능숙해서 학회에 나오기 시작하자, 여느 때처럼 많은 친구가 자연스레 생겼습니다. 논문 낙방을 이상하게 생각하던 가운데 어느 학회에서 지인을 만나 그 이유를 물어보니 이렇게 말해 주었습니다.

"당연하지. 네 논문을 누가 심사할지 생각하면 이해되잖아. A 교수님이 뻔하잖아. 참고문헌에 A 교수님 이름을 안 넣었으니까 당연히 네 논문은 통과 안 되지"

상식으로 생각하면 논문은 그 분야에 권위가 있는 여러 명의 연구자들이 심사합니다. 미국의 「Applied Physics Letters」의 경우도, 세계적으로 유명한 교수님들에게 공정하게 심사의뢰를 하고 있습니다. 그러나 그 친구 말이 '「Japanese Journal of Applied Physics」는 그 분야의 터줏대감인 일본인 교수님한테만 심사를 맡긴다' 고 합니다. 저는 원래가 세상물정 모르는 시골 출신이지만, 그때만큼은 아연질색 했습니다.

당시 일본에서 질화갈륨 권위자라면 그 교수님밖에 없었습니다. 저는 스스로의 학문적인 판단에 따라 그 교수님 논문을 참조하지 않고, 다른 교수님 논문을 참조했었습니다. 그러나 특정 교수님 이름을 참조 논문에 안 넣었다고 심사에 통과되지 않는 엉망진창인 일이 학문의 세계에서 과연 있어야 할까요?

일본 학계의 한심한 실태에 실망을 넘어 분노마저 느꼈습니다. 급히 투고 저널을 미국 「Applied Physics Letters」로 변경하자 영어 표기에 문제가 있는 부분을 수정하라는 요구뿐 보기 좋게 한 번에 통과했습니다.

학문세계뿐만 아니라 일본에는 이해 불가능한 습관과 암묵적 이해 같은 것이 너무 많습니다. 평등이라는 이름하에 균일화된 사회. 개성을 키우지 않고 재능이라는 잎을 싹둑 잘라, 평균적인 사람들을 대량으로 양산하는 교육. 조직을 위해 과로사 직전까지 묵묵히 일하고, 어떤 의문도 품지 않고 그저 순종적인 충성심만 요구되는 샐러리맨. 봉건적인 상명하복 시스템인 기업사회……. 이러한 것이 일본에는 너무 많습니다. 이 정도라면 구소련의 공산주의 사회와 거의 비슷한 수준이 아닐까요?

이대로 가다간 세계와 승부할 자격이 없습니다. 일본은 자기 것만 보고 있기 때문입니다. 아직 섬나라 근성에서 벗어나지 못하고 있는 걸까요. 2000년, 니치아화학을 그만두고 미국으로 건너갔을 때, 일본 방송은 '두뇌유출'이라고 떠들어댔습니다. 일본 기업에서 잡지 않았다고 관련시켜 크게 보도했습니다. 해외에서 높이 평가된 연구자는 저 뿐만은 아니지만, 앞으로도 마음 편히 있을 곳이 못되는 일본에서 많은 사람이 계속 빠져 나갈 것입니다. 저는 오히려 더 많은 인재가 해외로 빠져 나갈수록 좋을 것 같습니다.

정치인뿐만 아니라 일본인은 위기의식이 희박합니다. 우수한 두뇌가 유출되는 데 초조한 감정으로 국민적 문제의식이 자극되어 문제 해결을 위한 계기가 되면 좋겠습니다. 하기야 유출되고 있는 건 두뇌뿐만이 아닙니다. 미국 대학에서 일하며 알게 된 사실이지만, 사실 연구자금도 일본에서 유출되고 있습니다. 즉 미국 대학에 일본 기업이 막대한 자금 원조를 하고 있는 것입니다. 아마 일본 대학에 원조하는 돈보다 수십 배나 큰돈이지 않을까요. 기업은 돈을 내는 데 굉장히 민감합니다. 일본 대학이나 연구기관에는 이미 '회생불능'이라는 딱지를 붙여 포기하지 않았을까요?

제가 이렇게 일본을 욕하는 것은 물론 조국이 잘되기를 바라기 때문입니다. 좋은 것만 말하지 않고 진정한 모습을 확실히 바라보지 못한다면 해결 수단은 나오지 못합니다. 일본의 단점은 자신의 결점을 직시하지 않는 것입니다.

I 대학교수에게 필요한 자질이란

저는 지금 미국 대학인 UCSB에서 재료물성 공학을 가르치고 있습니다. 2001년 1월부터 시작한 첫 수업에서는 너무 긴장했습니다. 지금껏 본격적으로 다른 사람들에게 어떤 것을 가르쳐 본 적이 없었기 때문입니다.

현재 연구테마는 '질화갈륨'입니다. 좌우지간 질화갈륨을 연구하지 않으면 연구자금이 나오지 않습니다. 다른 분야도 하고 싶지만 연구자금을 모으기 위해서는 일단 질화갈륨이 좋습니다. UCSB의 경우, 연구자금을 교수가 스스로 따와야 합니다. 미국 이공계 교수 대부분은 스스로 연구 기획서를 써서 기업이나 정부에서 자금을 받기 때문에 어쩔 수 없습니다.

제가 대학 측과 협상한 계약 조건에 따르면, 처음으로 연구를 런칭하기 위한 **시드머니**를 받기로 되어 있습니다. 연구 준비금 같은 것으로 금액은 2억 4천만 엔. 계약에서는 시드머니 이외에 제 연봉이 연간 약 16만 4천 달러로 체결되어 있습니다. 이것이 9개월 치 월급이니까 월급은 약 200만 엔이 됩니다. 나머지 3개월 치를 계산해보니 20만 달러, 약 2,200만 엔은 넘을 것 같습니다.

대학에서 받은 연구비는 시드머니 외에 1원 한 푼 나오지 않습니다. 연구실에 인력을 모으고 실험 장치를 사는 것도 부족하면 스스로 해결해야만 합니다. 이렇게 계산해보니, 조수로 우수한 포스닥이나 대학원생을 고용해, 제 월급을 쪼개서까지 연구실을 만들기 위해서는 연간 약 1억 엔은 필요하다는 결과가 나왔습니다. 이러한 금전적인 관리도 전부 대학 교수가 해내야 합니다. 즉, 미국대학 교수는 학생들에게 지식을 전달하는 것은 물론, 작은 회사의 사장 정도의 능력이 필요한 셈입니다.

어쨌든 돈이 있으면 우수한 인력을 고용하는 것도 가능하고, 성능 좋은 실험 장치도 구비할 수 있습니다. 연구실이라고 하는 물리적인 공간도 돈이 많으면 보다 넓은 방을 확보할 수 있는 것입니다. 돈을 모으기 위해서는 기업이나 정부기관들이 주목할 만한 논문을 쓰거나, 연구 성과를 발표해야만 합니다. 그리고 기획서를 써서 기업을 돌면서 설명하며, 자금조달을 하러 이리저리 뛰어다닙니다.

그러한 우수한 교수, 즉 연구비를 많이 따올 수 있는 교수의 실험실이나 연구실에는 당연히 학생들이 몰려듭니다. 연구를 도와 논문에 이름이 실리는 것만으로 혹시라도 자신이 장래에 벤처기업을 세울 때 유리할지 모르기 때문입니다. 반대로 자금 조달 실력이 부족한 교수 밑에서 일하면 훌륭한 연구에 참여하는 게 불가능해지는 것과 하고 있는 연구도 미래가 불투명해집니다.

학생들의 의식은 높고, 자기가 뭘 해야 될지 파악해서 열심히 공부도 하고 있습니다. 제 실험실로 면접을 보러 올 때에도 명확히

'질화갈륨 연구가 장래성이 있다고 생각했다. 경험을 쌓아 스스로 벤처기업을 일으키고 싶다'

고 뚜렷하게 주장합니다. 제 대학원 시절과 비교해도 목적의식이 아주 확실해 기분이 좋을 정도입니다.

실제로 교수 밑에서 연구하는 것은 이러한 대학원 학생들입니다. 논문 발표 강연도 그들이 합니다. 교수는 이러한 일들을 총괄하고 연구비를 받아오는 것이 주요 업무입니다. 또 이런 우수한 학생들의 능력을 끌어내고 좋은 아이디어를 실현시켜 주는 것도 교수의 몫입니다. 제 경우 젊은 학생들과 같이 어울리는 걸 좋아하기 때문에 영어 실력이 더 좋아지면 그들과 거리낌 없이 즐겁게 해 나갈 수 있을 것입니다. 인간관계도, 부하 다루는 것도 다 잘하는 편입니다.

만약 실험실에서 뭔가 새로운 발명을 한다면 특허권은 대학과 발명자한테 귀속되지만, 거기서 파생되는 이익은 교수와 학생들

이 나눠 갖습니다. 물론 교수와 발명자 본인이 많이 받지만, 대단히 민주적인 시스템은 확실합니다.

❙ 아메리칸 드림

아직 니치아화학에서 퇴직금을 받지 않았습니다. 왜냐면 퇴직 시, 회사가 어떤 계약서에 사인을 하라고 요구해 거부했기 때문입니다. 비밀유지계약서에는

'질화갈륨에 관한 연구와 특허 신청을 3년간 하지 않겠다'

라는 내용이 있었습니다. 그런 부조리한 내용의 계약서에 사인해야 할 의무가 전혀 없었습니다. 대학 고문 변호사도 '사인 안 한건 잘한 일'이라 칭찬할 정도였습니다.

시드머니 이외의 연구비에 대해서는 제 경우 기업이 낸 순수한 기부금만을 받고 있습니다. 미국의 경우, 기업이나 자본가가 세금대책으로 대학 연구에 자금을 원조하는 케이스가 많습니다. 이 경우, 연구 성과에 대한 보상을 전혀 요구하지 않습니다. 또 기부금은 어디에 쓰든지, 간섭하지도 않습니다.

다른 교수들은 대부분 기업과 함께 공동연구를 하는데, 계약에 자유롭지 못하거나 회의 출석 의무가 있어서 아주 바쁘게 지냅니다.

저는 기부금을 몇 건 받고 있습니다. 상대측이 회의 차 오면 만나거나, 식사도 같이 합니다. 때문에 기업과 공동 연구를 하지 않

아도 일주일에 2~3일은 접대로 날아가 버립니다.

방송 취재도 적지 않습니다. 미국 방송은 저를 '일본의 에디슨'이라 소개합니다. 사실 약간 부끄럽긴 합니다. 그런데 미국과 일본의 과학 저널리즘은 질적으로 상당한 격차가 있습니다. 일본에는 이공계 기초지식을 지닌 과학 저널리스트가 거의 없습니다. 만약 있다 해도 어려운 과학용어를 알기 쉬운 문장으로 풀어쓰는 능력이 없습니다.

그나저나 수요와 공급으로 이루어져 있으니, 미국 독자와 일본 독자 레벨의 차이라면 할 말이 없지만 미국에는 일반 독자들까지 대상으로 한 과학 잡지가 많습니다. 그러나 먼저 기사를 쓰는 기자도 더 노력해서 일반 독자도 이해할 수 있도록 쓰는 것이 첫걸음이 아닐까요.

좌우지간 자신의 연구를 위해서는 방송이나 신문에 출연하는 것도 필요합니다. 그것을 읽은 어느 자산가가 제 연구에 기부를 신청할지도 모르기 때문입니다. 이렇게 따져보니 아주 바쁜 나날입니다. 니치아화학 시절처럼 혼자서 고독하게 연구에 몰두하는 환경에 비할 바는 못 되겠지만…….

단, 이것은 저한테는 큰 도전일 것입니다. 마치 교세라 취직 면접 당시 '영업도, 경리도 뭐든지 잘할 수 있습니다'라고 말했던 것과 같습니다. 대학 교수로서 강의를 하고, 연구자로서 실험을 하며, 연구비를 모으기도 하고 다른 사람들과 만나 연구 설명을 해야 하니, 하나에만 집중해왔던 지금까지의 방법은 통용하지 못할 것입니다. 지금까지 저는 '좁고 깁게' 노력했지만, 앞으로는 '넓고 얕게'라는 부분도 생각해야 합니다.

2000년 연말에는 영주권도 취득했습니다. 아버지가 따면 자동으로 가족도 권리를 받을 수 있습니다. 마침 둘째 딸이 21살 생일을 맞이하기 전에 취득했기 때문에, 장녀를 제외하면 모두 영주권을 딸 수 있게 되었습니다.

USBC 직원들한테도 많은 신세를 졌습니다. 오랜 친구인 스티브와 우메쉬 교수는 물론이고 재료물성 공학부의 유능한 비서인 Ms. 조안은 문방구나 컴퓨터 구입에서부터 일본에서 오신 손님들의 숙박 예약까지 많은 일을 도맡아하고 있습니다. 이렇게 제 미국생활은 순조롭게 시작됐습니다. 일이 궤도에 봉착하자 역시 미래의 꿈을 향해 마음이 다시 움직입니다.

물론 당면한 목표는 강의와 연구라는 대학에서 기본이 되는 일을 먼저 확실히 처리하는 것입니다. 다행히도 걱정했던 대학 강의도 비교적 잘하고 있는 편입니다. 일주일에 2번인 강의는 제가 손수 타이핑한 핸드아웃을 사용하고 있습니다. 이 핸드아웃을 만드는 일이 시간을 많이 잡아먹습니다. 게다가 전 세계에서 모여든 학생들은 모두 우수해 날카로운 의견을 던지는 일도 자주 있습니다.

대학 강의도 점점 손맛을 느끼고 있습니다. 정년이 없기 때문에 시간은 얼마든지 있습니다. 미국 대학교수라는 것이 어떤 존재이고 무엇이 가능한지 천천히 음미해 볼 생각입니다.

사실 질화갈륨 연구는 제가 거의 남김없이 다 해버린 분야입니다. 그러므로 가능하면 앞으로 전혀 새로운 다른 테마로 연구를 하려고 생각합니다.

새로운 발명은 5년, 10년 뒤가 될지 모릅니다. 그러나 만약 그렇게 되면 벤처기업을 일으키는 것도 가능합니다. 미국에서는 벤처기업을 일으키는 것 자체가 특별한 일이 아닙니다. 특히 연구자의 경우, 그 연구나 기획으로 투자를 받을 수 있기 때문에 회사를 세우기 쉬운 환경입니다. 또 회사 운영상 위험부담이 크지 않은 것도 이점입니다. 은행에서 빌리지 않고 벤처 캐피털*을 이용해 투자에 대한 보답으로 스톡옵션을 나눠주기만 하면 됩니다. 이것은 빚이 아니기 때문에 실패해도 변제 의무는 없습니다.

미국에서 벤처기업에 투자할 경우, 20분의 1이라는 성공 확률이라면 좋은 편이라고 합니다. 마치 도박과 같은데, 경마로 말하자면 연구자들은 말인 셈입니다. 말한테 돈을 걸고 져도 그것은 돈을 건 사람투자자이 보는 눈이 없었을 뿐입니다. 패한 말한테는 책임이 없습니다.

물론 벤처기업 책임자가 투자자들에게 설명하는 것은 필수 의무입니다. 사업계획이나 자금조달 예정, 연구경과 보고 등을 게을리해서는 안됩니다. 만약 실패한다 해도 그 이유를 납득이 가게 설명하지 못한다면 다음 투자는 없을 것입니다.

나이도 기업가에게 중요한 요소입니다. 너무 젊어도 위험합니

*** 편집자 주: 고도의 기술력을 갖고 있어 장래성은 있으나 경영 기반이 약한 기업에 대한 투자**

다. 반대로 연구가 실현되기까지 5년, 10년 걸린다고 하는데, 그 전에 건강이 악화되어 쓰러지기라도 하면 투자자들에게 큰 타격이 됩니다. 적정 연령은 50세 전후라고 합니다.

가장 주의할 점은 일희일비* 하지 않는 마음가짐입니다. 제가 좋아하는 말은 '성자필쇠盛者必衰' 입니다. 헤이케 이야기 1절에 나오는 말인데, 아무리 그 위세가 성하고 강해도 언젠가는 반드시 쇠약해지고 망할 때가 온다는 뜻입니다. 미국 대학에서도 UCLA나 캘리포니아 공과대학 등은 너무 팽창해서 쇠퇴하기 시작했습니다. 반대로 지방에 있는 UCSB와 같은 비교적 작은 대학은 활기가 넘칩니다.

성자필쇠 이 말은 제가 꿈을 향해 도전할 때 '열심히 하자' 라는 격려가 되기도 합니다. 어쨌거나 저는 앞날이 창창합니다. '청색 LED를 개발할 때 고생 많이 하셨죠?' 라는 말을 많이 듣지만, 그것은 틀립니다. 오히려 유쾌하고 즐겁게 해왔습니다. 그보다 앞선 10년 동안이 훨씬 힘들고 괴로웠습니다. 저에게 기술혁신 break through 은 고통과 괴로움의 결과가 아닙니다. 즐겁고 재미있게 해오다 어떤 형태로 표출된 것입니다. 아메리칸 드림이라는 말처럼 미국에는 꿈과 희망이 넘치고 있습니다. 다시 말해 이 나라는 저에게 새로운 전진break through을 약속해 주는 땅이라 믿습니다.

* 역자 주: 勝っておごらず負けて悔やまず: 일본 무도관 무도헌장에 있는 말로, 이겼다고 교만하지 말고 졌다고 분하게 여기지 말라는 뜻.'일희일비'로 대체하여 번역

전파과학사에서는 독자 여러분의 책에 관한 아이디어와 원고 투고를 기다리고 있습니다. 전파과학사의 임프린트 디아스포라 출판사는 종교(기독교), 경제·경영서, 문학, 건강, 취미 등 다양한 장르의 국내 저자와 해외 번역서를 준비하고 있습니다. 출간을 고민하고 계신 분들은 이메일 chonpa2@hanmail.net로 간단한 개요와 취지, 연락처 등을 적어 보내주세요.

분노의 돌파구
怒りのブレークスルー

1 쇄 인쇄　2018년 06월 11일
1 쇄 발행　2018년 06월 18일

지은이　나카무라 슈지
옮긴이　박준성

펴낸이　손영일
펴낸곳　전파과학사

주소　서울시 서대문구 증가로18, 204호
등록　1956. 7. 23. 등록 제10-89호
전화　(02)333-8877(8855)
FAX　(02)334-8092

홈페이지　www.s-wave.co.kr
E-mail　chonpa2@hanmail.net
공식블로그　http://blog.naver.com/siencia

ISBN　978-89-7044-817-6 (03400)

* 파본은 구입처에서 교환해 드립니다.
* 정가는 커버에 표시되어 있습니다.
* 이 도서의 국립중앙도서관 출판사도서목록(CIP)은
서지정보유통지원 시스템 홈페이지(https://seoji.nl.go.kr)와
국가자료공동목록시스템(http://www.nl.go.kr/kolisnet/)에서 이용하실 수 있습니다.
(CIP 제어번호: 2018014862)